ISBN 978-2-9585156-0-7-
EAN 9782958515607

SFD Edizioni

A tutte le persone che si mettono in gioco, a quelli che amano la vita, a chi non si sente a proprio agio in questa società e a quelli che invece ci si trovano perfettamente, agli intolleranti alla stupidità umana, a coloro che combattono le ideologie assurde propagate da milionari senza scrupoli, alle persone che vedono e a quelle che non vogliono vedere, a tutti i genitori che difendono i loro figli e insegnano loro i valori della vita, agli insegnanti e a chi non ha nulla da insegnare, a chi non cerca l'errore negli altri e né in sé stesso, a chi lotta contro i regimi e le dittature, anche quelle travestite da democrazie, a chi soffre perché severo con se stesso, a tutti i bambini che combattono ogni giorno l'idiozia degli adulti, a tutti voi che avete la lucidità di leggere questo libro senza pretendere di trovare la verità.

D.C.

Davide Cenci

I LOVE

CO_2

PERCHÉ ODIAMO L'ANIDRIDE CARBONICA?

INDICE

Premessa

Guerra e Pace 1

CO_2 ti amo 18

CO_2 ti odio 31

La creazione del Mito 46

Raffreddamento Globale 58

Riscaldamento Globale 70

Cambiamento Climatico 86

La Temperatura non esiste 95

Causa e Effetto 107

Il Cigno Nero 127

Bibliografia e fonti 141

Premessa

Piccola, breve e fastidiosa nota: mi prenderò qualche piccola libertà con l'italiano, non per errore ma per scelta. Vivo all'estero da tanti anni e parlo più lingue di quante mi sarei immaginato di imparare e crudelmente vi imporrò lo stesso ironico destino.
Userò il *corsivo* per parole nuove o straniere, citazioni e titoli di libri.
«Virgolette caporali»: luoghi comuni, slogan.
"Virgolette alte": uso ironico o improprio di un termine.
Neretto: parole chiave e valori importanti.
Neretto corsivo: titoli dei paragrafi.
MAIUSCOLE: ragione semantica o emotiva.

So che come inizio non è elegante, ma mette le cose in chiaro e dà la giusta importanza ai dettagli.

Muy bien ¡ Agárrense y vámonos.
Tieniti forte che partiamo con un po' di strutturalismo, un esercizio intellettuale utile e sconosciuto ai più, che servirà sicuramente anche a te, caro lettore, per aiutarti a comprendere il metodo che ho utilizzato nella ricerca e nelle analisi, nonché le motivazioni che mi hanno spinto a prendere la decisione di scrivere: *I Love* CO_2.
Mi permetto di darti del tu e lo farò per tutta la lettura, invitandoti fin da subito a ridurre un po' la distanza tra noi. Conservando quell'ironia, quel sarcasmo e quella sfiducia reciproca che caratterizza il dialogo tra persone in confidenza. Sia per gli argomenti trattati, sia perché sono una persona qualunque che incrocia la tua strada nel cammino che tutti percorriamo su questo meraviglioso pianeta. Potrà sembrarti insolito, ma trovo che quando si dialoga con qualcuno utilizzando il lei, l'autorità implicita faccia

perdere senso critico e lucidità. Si subisce e accetta come di fronte ad insegnamenti *ex cathedra.*

Ti ricordo anche che io non scrivo per confermare la tua opinione, né per cercare approvazione. Scrivo perché c'è troppa unilateralità nell'impalcatura narrativa odierna, sorretta da un ingombrante falso consenso, e in più mi piace far riflettere le persone. A volte strappando loro un sorriso.

Non vi è in realtà nulla di serio nella vita, neanche quando si parla di argomenti sensibili, raccontati in maniera emotiva e polarizzante, come ad esempio il ruolo della CO_2 nel sistema Terra.
D'altronde, se neppure la scienza più rigorosa fornisce certezze che resistono allo scorrere del tempo, non vedo perché dovrei farlo io con questo frivolo libretto.
Il mio compito, forse utopico, è cercare di capire come siamo arrivati ad odiare l'anidride carbonica, al fine di individuare un futuro da costruire insieme, orientato a un rapporto più consapevole e sereno con la molecola della vita.

E lo farò entrando e uscendo dalla retorica pervasa dalla propaganda industriale che ormai controlla ogni settore: dalla ricerca alla produzione, dai maestri di scuola primaria alle cattedre universitarie, dai quotidiani alle riviste specializzate, dal gossip alle chiacchiere nei bar sotto casa.
Il tutto senza abbassare la guardia, conservando la qualità delle nostre vite, lasciando il pianeta su cui camminiamo quotidianamente nel migliore stato possibile per gli uomini e le donne del futuro, coloro che oggi chiamiamo Bambini, con la b maiuscola.

I primi passi

Già negli anni Novanta iniziai ad avvicinarmi all'attivismo e all'ecologia, con sensibilità ed energia che mi spinsero ad approfondire e investigare tematiche difficili e spesso scomode. Dalle politiche aziendali dei grandi marchi di abbigliamento a quelle delle multinazionali di beni di largo consumo, da Nike e Adidas fino a Nestlé e Procter & Gamble.

Analizzai i loro dati, studiai le loro tecniche di marketing a partire dal significato dei loro famosi loghi, da ciò che questi ultimi lasciano come impronta nella mente dei consumatori, fino a scoprirne i metodi di produzione, il loro *modus operandi*, spesso ai limiti dell'etica e dell'accettabile. Ma anche i surplus industriali, le operazioni di psicologia delle masse per vendere un prodotto piuttosto che un altro e l'obsolescenza programmata.
Gli anni passavano e le informazioni che riuscivo ad ottenere, con non poche difficoltà, provenivano dalle biblioteche e dai primi libri tradotti in italiano su questi argomenti, da *No Logo* a *Consumo Critico*, a Michael Moore, fino ai miei viaggi in Indonesia e in Thailandia.
Poi, finalmente arrivò la rete, il web come si dice oggi, e da allora come per molti altri, mi si aprì un mondo nuovo davanti. Appassionato di informatica, mi buttai a capofitto in questo nuovo universo, approfondendo anche le tematiche che mi interessavano fin dall'adolescenza, come la programmazione neurolinguistica(PNL) e la psicologia gestuale. Furono basilari sia per capire meglio me stesso sia, in maniera estroversa, per approfondire la comprensione delle dinamiche emotive delle masse e come queste influenzino la società, la politica e le strategie industriali.

Quando internet non era ancora nulla di paragonabile a ciò che è oggi, furono pubblicazioni, articoli e siti che nominavano per la prima volta il *Global Warming* a richiamare la mia attenzione. Ai tempi si cominciava a discutere di impronta umana, di sostenibilità e, anche se allora non era di moda come oggi, di anidride carbonica. In verità, paradossalmente, questi temi erano considerati roba da complottisti, al pari di chi affermava che le Torri Gemelle fossero un *inside job* o che l'allunaggio non fosse mai avvenuto.
Oggi, tutto è invertito: è considerato complottista amare la CO_2.

La Programmazione

Sono una persona sensibile, cresciuto in un ambiente popolare, figlio di padre operaio e madre casalinga, ho ricevuto un'istruzione in scuole statali, coronata da un diploma tecnico. Sono "diventato grande" in pieno boom economico, negli anni '80 e '90, con tutti i pro e i contro del caso.

Ero appena un ragazzino quando per la prima volta arrivarono dagli Stati Uniti importanti quantità di prodotti industriali legati alla propaganda *Holliwoodista* (cit. R. Quaglia): skateboard e BMX, serie tv e tecnologia, i PC e le prime Console di gioco. Insieme a tutto questo, furono "spediti" al grande pubblico europeo, anche molti miti irraggiungibili legati al consumismo: la ricchezza venduta tramite eroi cinematografici e modelli sociali, l'arrivismo, la competizione forsennata e i sistemi di business. Vizi e virtù della globalizzazione.

Essendo stato ben forgiato, anche se forse sarebbe meglio dire scottato, da tutto ciò, un decennio dopo, non potevo non cadere nel capovolgimento della morale che i grandi gruppi industriali iniziavano a mettere in atto. Stavano provando a lavarsi le mani sporche di guerre e sfruttamento delle risorse, scaricando le loro colpe sul consumatore finale. *Smoke and mirrors* per usare un loro slogan. Fumo e giochi di specchi sul consumatore inerme.

Riassunto in poche righe sembra parecchio brutale, quasi impossibile da digerire, ma ad oggi il tentativo da parte dei colpevoli è ancora in atto: deresponsabilizzarsi e, di conseguenza, far cadere tutte le responsabilità su chi non detiene il potere mediatico per difendersi pubblicamente.
Cioè noi. Cioè io.

Come dicono a nord di Lugano: "*Wunderbar*" (ironico). "Meraviglioso", hanno inquinato per produrre beni di consumo, si sono arricchiti e ora vogliono far pagare il conto all'utilizzatore finale.
Oltretutto le strategie di comunicazione legate al marketing moderno, cercano di convincere la vittima di aver subito la violenza per colpa sua, come un narcisista perverso qualunque: **utilizzando trappole psicologiche come lo scontro generazionale o il falso richiamo all'etica e alla sobrietà**.
Non è colpa dell'aggressore, ma è l'aggredito che aveva un atteggiamento provocatorio.
Non è colpa del rapinatore, ma è il rapinato che indossava un gioiello in bella vista.

Non è colpa di chi ha prodotto e venduto infischiandosene dell'ambiente e dei danni, ma di chi ha comprato.
E, in questo ricatto morale, ci caddi come un pesce lesso, come tanti pesci lessi.

Lo Shock

Iniziai, allora, a sensibilizzare tutte le persone che conoscevo sulla questione del clima, senza in verità grandi successi.
Ero troppo avanti per quei tempi e forse lo sono anche per quelli odierni.
Eravamo all'inizio dei movimenti ecologisti in Italia, gli albori dell'infantilizzazione delle masse e l'arrivo al grande pubblico di organizzazioni come WWF o Green Peace. Loro sbarcavano e io cominciavo a prendere le distanze, ad avere qualche dubbio. Ma continuavo ad informarmi e a leggere.

Uno dei libri che più mi colpì all'epoca fu *I Signori del Clima* di Tim Flannery.

Ti consiglio di leggerlo, perché a vent'anni e più dalla sua pubblicazione assume dei connotati quasi più inquietanti di quelli che aveva all'epoca.
Il testo, in breve, spiega gli interessi economici legati ai crediti di carbonio, partendo dai petrodollari, per arrivare all'aumento delle temperature. L'autore è uno dei pensatori del trattato di Kyoto, paleontologo esperto di climatologia, non un teorico da scrivania, uno studioso che andava in Groenlandia a fare carotaggi.
Tim "giocava" *Skin in the game*, ci metteva la faccia e anche qualcosa in più, come si direbbe in Italia. La sua visione pessimista e catastrofista del futuro, ai tempi, mi colpì dentro, motivandomi ad investigare ancora di più..
Di primo acchito, moralmente, non fu facile da digerire.
Rileggendolo oggi invece mi fa capire quanto la scienza sia stata ed è al servizio dei grandi gruppi industriale e militari, di banche d'investimento e di chi detta l'agenda. Sia quando si tratta di creazione del consenso, sia quando invece controlla il dissenso.

Flannery a quei tempi puntava il dito contro *i Signori del clima* per denunciare chi del clima se ne fregava, senza rendersi conto che lui stesso era parte di una critica controllata, forse di un piano già scritto. La volontà di scaricare le colpe tramite strumenti finanziari come i crediti di carbonio era impossibile da comprendere a pieno per me, all'epoca. Una sorta di compravendita del "perdono" o del "permesso" di continuare a peccare. Lo capii solo molti anni dopo.

La Deprogrammazione

Eravamo ai primi anni 2000 e ancora lottavo per la mia indipendenza economica, che raggiunsi insieme all'indipendenza dai miei genitori. Vivevo da qualche anno da solo, in un mini-appartamento molto modesto in affitto, contemporaneamente e non casualmente, iniziò a formarsi in me una sorta di indipendenza intellettuale. Cominciai a leggere, oltre a testi universitari di psicologia gestuale, che mi avrebbero aiutato a fare chiarezza su "chi" avevo attorno, anche i grandi classici: da Tolstoj a Hemingway, da Thoreau a Tiziano Terzani, amici i libri, fondamentali per fare chiarezza, invece, su "cosa" avevo attorno.

Ed è così che, grazie a questi grandi maestri, iniziai a unire i puntini, uno degli esercizi intellettuali che preferisco. I miei studi e le mie letture alimentarono sempre di più il disaccordo e sempre di meno le certezze.
Ai tempi pensavo fosse una sfortuna, oggi ringrazio quei dubbi.
La manipolazione dei grandi marchi, volta a creare una proiezione del loro logo nella mente del cliente, si riproponeva in maniera controintuitiva nella mia vita. Non solo ero io a comprare i loro prodotti ed essere vittima della narrazione commerciale: ero sempre io, in una sorta di ipnosi, a combattere una guerra tra poveri, ad alimentare un conflitto senza vincitori né vinti. Le *big company* mondiali mi avevano usato, per poi buttarmi sul ring contro i miei coetanei.

Un pomeriggio d'estate passeggiavo nel centro della mia città. A un tratto, una bella ragazza, vestita in modo semplice e poco truccata, mi si avvicinò e mi disse:
«Ciao, ti volevo chiedere una cosa».
«Dimmi», le rispondo.
«Sono del WWF ti interessa aiutarci a difendere gli animali o qualche altra causa che sosteniamo? Credi anche tu, come noi, nella grande volontà di cambiare le cose?»
La mia risposta, totalmente spontanea, la ricordo ancora oggi, dopo oramai trent'anni:
«Non credo in nessuna organizzazione composta da più di due persone».
Solo molto dopo ho capito il senso di quella risposta.
Se veramente vuoi cambiare le cose, devi prima cambiare te stesso.

Non mi sono mai sentito veramente diverso dagli altri. Da adolescente chiedevo ai miei genitori le scarpe più di moda per Natale e coi miei primi risparmi acquistai un'auto. Guardavo Happy Days e Drive In in TV le poche sere che rimanevo in casa e andavo in piazza a fare le vasche il sabato pomeriggio; se non sai cosa vuol dire "fare le vasche", hai avuto comunque una vita fantastica.

Cercavo di affermarmi in una società materialista, nel suo periodo forse migliore o forse peggiore, decidi tu, come qualsiasi altro ragazzo di quel tempo.

Ero vittima del consumismo e non lo sapevo, ma non sarebbe durato a lungo. Mi volevo svegliare, volevo uscirne già allora, ma come molti, non ne avevo la forza.

Non ero pienamente cosciente, ma qualcosa non quadrava: ero frustrato se seguivo il modello sociale dominante ed ero frustrato quando non seguivo il modello sociale dominante.
Oltretutto, non so ancora oggi perché, ma i sensi di colpa legati all'ecologia a tutti i costi, mi sembrarono da subito evidentemente inconsistenti. La strategia industriale nascosta dietro alla propaganda di sistema o a quella contro il sistema era troppo ovvia per avere una qualsivoglia presa emotiva su di me. La seguivo e basta, per moda forse, ma non mi aveva mai convinto.

E allora mi rimisi a leggere e a studiare. Iniziai ad avvicinarmi all'ingegneria sociale tramite l'antropologia.
Leggevo Desmond Morris e cominciavo a vedere sempre più limpido il progetto di addomesticazione dell'*Homo Sapiens*.
Cercavo di comprendere *Psicologia delle folle*, di Gustav Le Bon, e come sia possibile che certi gruppi di potere abbiano la soluzione prima ancora che il problema esista, e le risposte diventavano sempre più distopiche e controintuitive.

Mi immergevo nella lettura di come *La Scimmia Nuda* che vediamo ogni mattina allo specchio sia un essere diverso da tutti gli altri e capivo la funzione dei loghi nella mente collettiva. Leggevo *Shock Economy* e il ruolo delle crisi climatiche senza fine diventava chiaro.

Cominciavo seriamente a pensare che problema e soluzione fossero due facce della stessa medaglia, e il volto impresso su una delle due era il mio. Iniziavo a intravedere "la testa", ma non ancora "la croce".

Mi rendo conto, oggi, di essere stato manipolato.
Ero caduto vittima dell'agenda narrativa, ero stato ipnotizzato fino ad amarla, per far poi parte dell'estremo opposto, rimanendo comunque una sua creazione, una sorta di nemico controllato, **una teoria del complotto utile al sistema**.

Se non fai parte della soluzione, fai parte del problema, ha detto qualcuno.

Esattamente come crearne uno per vendere la soluzione è la base dell'obsolescenza programmata che io cercavo di combattere. Non volevo essere più vittima del consumismo, dell'usa e getta, e stavo per ricaderci dentro finendo col divenire io stesso il prodotto.

La verità non ha bisogno di slogan

«Hai inquinato troppo», «hai vissuto al di sopra delle tue possibilità», hai insomma comprato il prodotto sbagliato nel momento sbagliato ed oggi la natura si ribella contro di te! Così, davanti ai sempre più violenti e frequenti articoli che miravano alla colpevolizzazione del consumatore medio, iniziò a formarsi in me una risposta sempre più chiara e semplice:
NO GRAZIE.

Guardati attorno, ascolta bene i motti che vengono promossi, i mantra che vengono ripetuti, le ideologie ridotte a parole d'ordine propagandate anche ai più alti livelli istituzionali ed economici: «Zero emissioni» come se fosse veramente possibile vivere senza emettere CO_2; «neutralità del carbonio» un inno alla deindustrializzazione camuffato da *leit-motiv* ecologista, visto che poi compriamo gli stessi prodotti ma fabbricati lontano; «giustizia climatica» una trappola semantica che etichetta buoni o cattivi a seconda dei crediti sociali.
Sono io paranoico?
Può darsi, ma quando il cinema brucia, chi aveva controllato dov'erano le vie di uscita si salva, chi non aveva psicosi o preoccupazioni spesso scappa dalla parte sbagliata.

Tutte queste ripetizioni hanno il solo intento di modificare la percezione collettiva su tematiche fondamentali che dovrebbero invece essere discusse partendo dalle cause profonde e non inseguendo gli effetti.

Perché il meccanismo funzioni, le bandiere devono restare le stesse, ma deve cambiare chi le porta: proprio come accade con la fiamma

olimpica, simbolo del *panem et circenses*, quando il gioco conta più dei giocatori. Nel periodo olimpico, cioè quando si tengono i giochi, l'ecologismo e la sua propaganda attraverso i media ufficiali, vengono messi in pausa.
Facci caso: le olimpiadi sono «a impatto zero». Aree enormi cementificate per costruire villaggi olimpici che finiscono in disuso, boschi e foreste abbattute per costruire impianti sportivi che verranno sistematicamente abbandonati, per non parlare dei debiti che questi mega-eventi lasciano a carico delle comunità e Nazioni. Ma tutto ciò è "sostenibile". Nessuno ha nulla da ridire.

Se entro con la mia auto diesel del 1999 in Z.T.L. sono un pericoloso criminale, se costruisco una pista da bob per usarla venti giorni e poi abbandonarla, mi danno milioni di euro in sovvenzioni statali con tanto di cerimonia d'onore al Quirinale.

Uno dei nodi centrali che non viene mai abbastanza evidenziato, a mio modesto avviso, è questa sorta di **usa e getta a tutti i livelli**. Succede ai prodotti, lo sappiamo tutti, alle strutture sportive lo abbiamo detto sopra, ma anche agli uomini: a chi fa ricerca, a chi pubblicizza studi e grafici negli show televisivi e ai filantropi nei grandi *meeting* mondiali.
A volte sono giovanissimi, istruiti a recitare il loro copione all'ONU, oppure vecchi ed esperti oratori ben sovvenzionati e pagati che girano il mondo come candidati alla Casa Bianca; altre volte persone in totale buona fede, ipnotizzati dalla rabbia, che non si accorgono nemmeno di remare verso la distruzione di ciò che vorrebbero salvare.

Io continuo a ripulire le spiagge dall'immondizia, a rispettare la Terra che mi nutre, a informarmi bene e consumare solo ciò di cui ho bisogno, senza odiare niente e nessuno. Il mondo ha bisogno di una visione positiva, di un ritorno al reale e di preservare quel che c'è di buono. Non abbiamo bisogno di nuovi Dei da venerare o Demoni da odiare.
Abbiamo bisogno di Pace, più che mai maiuscola.

Guerra e pace

«Quanto maggiore appare la necessità,
tanto minore appare la libertà.
E viceversa.»

Lev Nikolàevič Tolstòj

Questo primo capitolo è un esercizio di riscaldamento per i tuoi neuroni. Serve a darti una mappa mentale sulla quale andare ad incastrare tutti i pezzi del *puzzle* che troverai nei capitoli seguenti.

Informarsi significa dare una forma alla propria mente.
E l'unico che può farlo sei Tu, faticando e sudando non poco.
Io cerco solo di facilitarti un poco il lavoro.

Immagina un enorme campo ideologico dove si sta svolgendo un'epocale battaglia tra chi vuole libertà e chi invece vuole limitare la libertà. Una lotta culturale contemporanea combattuta sui social media, nei salotti televisivi, nelle riviste specializzate, dentro laboratori scientifici e, a volte, persino nelle aule di scuole e università di tutto il mondo.

Una guerra di percezione, con la creazione del pensiero unico da una parte e la distruzione del pensiero unico dall'altra. Un inno all'autoreferenzialismo contro il tentativo disperato d'instaurare un ultimo possibile dialogo. Un'alternanza di teorie e scenari che cambiano in funzione di chi ha in mano il megafono narrativo. Detentori della verità assoluta da un lato e chi sogna ancora di poter avere un'opinione diversa dall'altro.
Un po' nostalgicamente, una storia di «Corvi e Colombe» che si alternano da tempo al comando di due grandi schieramenti intellettuali, come governi dei blocchi più influenti del mondo. Un combattimento però di sola apparenza, di facciata, in uno stato di guerra percettiva permanente.
Una creazione artificiale nell'era della post politica, della post economia e della post democrazia.

In quest'epoca inesplorata e sconosciuta, dove sinistra e destra non esistono più, sempre che siano mai esistite, i post-partiti hanno nomi completamente astratti e privi di significato, ridotti volutamente a stupidi slogan che, per esigenze di marketing e comunicazione, devono trasmettere tutto e subito. Nascosti da colori e bandiere senza senso, queste squadre di *"pollitici"* di mestiere, le due elle non sono un errore, si vendono o rubano ideologie reciprocamente. Si giocano i migliori cavalli da corsa come club di calcio si scambiano i giocatori o come gruppi industriali interscambiano i direttori generali, le famose porte girevoli. Senza rendersi minimamente conto di cosa stiano realmente facendo e di chi rappresentino veramente. Polli da batteria, che vengono sostituiti quando hanno raggiunto lo scopo, il loro ciclo naturale di utilità alla produzione.

Questo gigantesco apparato mediatico spesso spinge il grande pubblico, che assiste attonito, a ridurre tutto a pure tifoserie, ad uno scontro tra i soliti buoni e cattivi, i pro e i contro, col solo intento di assegnare etichette vincenti o perdenti, etichette che nessuno però si prende la briga di comprendere. A nessuno sembrano interessare gli "ingredienti", cosa c'è "dentro", se vi è o no una "data di scadenza" o se semplicemente sono "prodotti pericolosi per la salute".
Insomma una partita dove vittime e carnefici sono le une la brutta copia degli altri.

Parafrasando Tolstoj:
«la storia è la somma delle azioni di uomini comuni
e non (solo, aggiungo io) *il volere di pochi.»*

Per questo nasce la necessità, mai come oggi, di creare uno spazio di dialogo che non si avvalga delle stesse leve mediatiche né persegua gli stessi fini. Bisogna invertire la programmazione dominante anche con l'uso della forza, narrativa, a costo di generare qualche shock informativo nel lettore, nell'utente finale, per destabilizzarlo il giusto, nutrendone il beneficio del dubbio.

Un piccolo seme della consapevolezza nascosto tra le pagine di questo libro. Rivolto all'ecologista convinto della catastrofe imminente e anche a colui che pensa che se non farà nulla non succederà nulla.
Resettarli senza però lasciarli, una volta destabilizzati, nudi in balia delle decisioni che cadono dall'alto, ma fornendo loro conoscenza e consapevolezza sufficienti per potersi ricostruire a loro piacimento, raccogliere i propri pezzi intellettuali e ricomporre una nuova versione di sé stessi.
Potendo così perseguire la propria felicità individuale e di conseguenza il bene della collettività.

Uno schiaffo morale che ci spieghi, ad esempio, perché al giorno d'oggi quando parliamo dell'anidride carbonica è sempre e solo in maniera negativa.
Una visione differente che apra ad un dialogo, che nella realtà, non nella percezione, oggi non è neppure permesso.

Corvi o colombe, destre o sinistre, negazionisti o yes-man, detentori del vero e propagandisti del falso, economisti o speculatori: lo schema è sempre lo stesso ed è perfetto per creare fanatici di uno o dell'altro schieramento.
Una comunicazione prevalente che genera quell'inevitabile atmosfera che allontana entrambi dallo scambio di idee costruttivo e che fa tanto comodo a chi non vuole proporre soluzioni, ma semplicemente vendere prodotti.
Abbiamo, noi tutti, la piena consapevolezza che cambiare idea, per molte persone, risulta quantomeno difficile, che il dubbio è scomodo, dà fastidio e spesso impaurisce, ma è necessario ed è sintomo di intelligenza.
Fermo restando che per molti la bugia è molto più confortevole della verità.
I cugini d'oltralpe dicono: *prendre les gens pour des imbéciles*. Che vuol dire più o meno così: l'abitudine diffusa che tende a deresponsabilizzare facendo passare le persone per degli incapaci. È giunto il momento di dire basta a questo tipo di comunicazione, a questo sistema.

Chi vince, nel mondo reale, non sono né i Bianchi né i Neri, ma chi vende i biglietti.

Ricerca la Tua verità

Questo libro, come detto, vorrebbe arrivare ad entrambi gli schieramenti partendo da un'analisi strutturale di ciò che è stato detto e dagli scenari previsti, mettendoli a diretto confronto con la realtà dell'accaduto, o meglio, di ciò che in realtà non è mai accaduto.
Istruendo i lettori ad informarsi, ad alimentare il proprio senso critico e a valorizzare la ricerca della verità, che passa anche dal portare alla luce le menzogne e abituarsi all'autocritica e all'errore.
Per districarsi nella tela narrativa odierna serve una buona dose di

scetticismo, fondamentale ad esempio per distinguere la propaganda dall'informazione, dove è importante e necessario valutare la fonte, partendo dal fatto che **fonte non è uguale a verità**.
Sembra controintuitivo, ma vi sono autorevoli fonti, citate da altrettanto autorevoli studi o riviste scientifiche, totalmente inventate o create per l'occasione. Da Wikipedia a The Lancet hanno ritirato articoli, modificato o cancellato intere pubblicazioni, semplicemente per validare studi ad orologeria.
Cerca, ad esempio: idrossiclorochina studio di Didier Raoult ritirato da The Lancet.

Non si tratta di svelare un complotto contro l'umanità, ma di capire come funzionano conflitto di interesse, sistema di sussidi e contratti nella gestione delle emergenze, ad esempio.
Uno dei motivi per cui non sempre inserirò le fonti di certe mie affermazioni è proprio che sia tu ad andarle a cercare.

Il treno del consenso scientifico corre su due binari: i dollari e i risultati. Due rotaie da cui è molto difficile uscire.
Vi sono donazioni che piovono in maniera regolare solo se la ricerca si muove in una determinata direzione e se i risultati coincidono con le aspettative di chi ci mette il denaro. Se il risultato non coincide, il rubinetto delle donazioni si chiude istantaneamente.
E poi abbiamo i finanziamenti, che di fatto dovrebbero garantire libertà, ma che in realtà sono il guinzaglio corto che impedisce ogni minima possibilità di messa in discussione del sistema stesso. Cosa cercare, perché cercarlo e come, viene deciso lontano e a priori.

I risultati ottenuti servono a far entrare capitali, i capitali arrivano quando si ottengono i risultati richiesti.

Per noi che leggiamo questi studi negli articoli di prestigiose riviste specializzate, in questi casi vale la pena **prendere le dovute contromisure intellettuali** ed etichettare questo tipo di informazioni come propaganda industriale, costruzione della domanda o tentativo di influenzare l'opinione pubblica per spingerla verso una sorta di imbuto psicologico dove l'unica via di uscita è la verità ufficiale.

Una narrazione che trova conforto nell'acquisto del prodotto come soluzione del momento, negando la realtà e mentendo senza vergogna né conseguenze, va smascherata e denunciata:

«In un'epoca di menzogna universale, dire la verità è un atto rivoluzionario», scriveva George Orwell.

Conflitto d'interesse

Se un grande ente sovranazionale per la ricerca sul *changement climatique* arrivasse alla conclusione che il problema, così come ci viene raccontato, non esiste, secondo voi lo pubblicherebbe?
Nella realtà è già successo: cerca *Climategate* sul tuo motore di ricerca. Ma nella meta-narrazione dell'uomo di tutti i giorni non ve n'è traccia.

Se, con tutti i dati raccolti per anni, si trovassero davanti alla palese conclusione che *el cambio climático* non è antropico, ma è parte di un ciclo più ampio totalmente naturale e ricorrente,
lo direbbero al mondo intero?
La risposta è "no", non perché vogliono il male dell'umanità, non perché vi è un piano occulto universale e governativo, ma perché altrimenti quell'istituto verrebbe smantellato in pochi giorni e tutte le persone che lavorano per quella organizzazione dovrebbero trovarsi un altro lavoro, un lavoro vero.
Dovrebbero mettersi in discussione e sopratutto dovrebbero divenire uomini liberi. Si può essere liberi se il proprio stipendio dipende da quali risultati si ottengono nelle proprie ricerche?
Capite che non si tratta di lavorare bene o meno bene, di applicarsi oppure no. Al contrario, si devono produrre i risultati che l'azienda vuole, selezionando il "giusto" metodo scientifico.

«È difficile far capire qualcosa a un uomo quando il suo stipendio dipende dal fatto che non la capisca.» Upton Sinclair
Avete mai visto una ditta che produce armamenti pubblicare studi che dimostrino che senza armi i cittadini sarebbero più ricchi, vivrebbero più a lungo e ci sarebbero centinaia di migliaia di morti in meno ogni anno?

Avete mai letto di ditte farmaceutiche che finanziano istituti o ricerche volte a dimostrare che i farmaci, in alcuni casi, non servono per curare le malattie per cui vengono prescritte?
O che, semplicemente, ci si può curare anche senza farmaci?
No.
Perché?
Semplicemente perché va contro i loro stessi interessi.

Sono banali esempi i miei, interpretateli come volete, ma quale credibilità ha l'IPCC (Gruppo Intergovernativo di "esperti" sul Cambiamento Climatico) che è il principale organismo internazionale per la valutazione dei cambiamenti climatici, quando produce o finanzia una ricerca volta a dimostrare che il *Climat Change* esiste?
Quale credibilità ha uno studio sull'efficacia di un farmaco fatto dalla ditta che produce il farmaco?

Lo scopo è quello di creare un'impalcatura morale su cui appoggiare una strategia di vendita. L'unico vero motore della ricerca è il denaro. Tagliamo i fondi alla ricerca e i risultati saranno sbalorditivi.

Paura = Problema → Soluzione = Profitto

Creare un problema in maniera artificiale o programmata proponendo una soluzione rapida è il cavallo di troia del marketing moderno per vendere prodotti in un mercato considerato come saturo o in stallo.

Un esempio di guerra industriale: in Europa il 95% della popolazione ha una caldaia per riscaldare il proprio appartamento e una parte considerevole ha anche un condizionatore per raffreddarlo. Questo settore il mercato possiamo dirlo è statico, fermo, rimangono perciò solo la manutenzione, i pezzi di ricambio e l'obsolescenza come finestra di vendita.
L'unica via per far muovere le cose è quella di creare, attraverso uno shock informativo, una sorta di destabilizzazione nell'utente finale per fagli cambiare le abitudini di consumo.
Hackerare la mente dei consumatori inculcandogli l'idea che le persone che hanno una certa tipologia di prodotti nelle loro case

debbano sostituirli. L'obbiettivo di questa sorta di *Virus Informativo* è che siano loro stessi ad autoconvincersi che sia necessario cambiare caldaia, anche quando questa funziona ancora benissimo.

Come fare?
In realtà è molto più semplice di quel che possiamo immaginare, con la strategia del narcisista perverso: scaricando la colpa sulla vittima. Diffondendo ad esempio l'idea che le caldaie a gas sono pericolose, che arricchiscono un certo tipo di mercato nocivo all'economia europea, che finanziano un governo cattivo e nemico delle libertà, che «non sono sicure» e che «non sono ecologiche per le generazioni future».
Tutto ciò col fine ultimo di modificare la percezione del grande pubblico ed orientare le persone all'acquisto di un nuovo sistema, tipo le pompe di calore.
Se poi tutta la potenza di fuoco mediatica di queste lobby non dovesse bastare allora arriva in aiuto lo Stato: sfruttando il vecchio sistema di amicizie influenti creato dalle famose porte girevoli.
Una collaborazione dei governi attraverso la creazione di *leggi ad industriam* (non ho idea se è corretto dirlo così, ma credo che abbiate tutti capito quel che intendo).
Lo si può fare con decreti che dichiarano pericolosa una certa apparecchiatura in casa: obsolescenza programmata forzata. Oppure basta far credere, via giornali e TV, che prima o poi saranno vietate certe tecnologie, mettendo delle scadenze che sistematicamente vengono spostate più avanti o dimenticate del tutto.

Non importa come: **ciò che conta è creare la percezione dell'illegalità, per molte persone la sola idea di vivere al di fuori della legge è sufficiente per prendere decisioni affrettate dettate dalle emozioni**.
Fear sells, la paura vende e fa vendere.

In questo modo creano una finestra di Overton che apre di fatto un mercato, fino a quel momento saturo, alla vendita di sistemi o tecnologie prima semplicemente di nicchia, come le pompe di calore o, ancora, le auto elettriche.

Creazione del Problema = Vendita della Soluzione

Si tratta di convincere i consumatori con ogni mezzo che i prodotti che possiedono sono improvvisamente "non a norma", immorali o obsoleti, scaricando su di loro la colpa e i costi.
I cittadini non esistono, esiste un pubblico fatto di utenti che una volta spaventati, cliccano e comprano.

Sistema di incentivi e obsolescenza forzata

Per difenderci, nella guerra di percezione, si devono indossare tre cose, tre armi cognitive: un vocabolario aggiornato di risposte, un metodo per restare uniti e un anticorpo mentale contro la propaganda.
Queste dinamiche e strategie di vendita non sono nuove, nulla di inventato recentemente. Già negli anni '80 e '90 i governi, condizionati dall'industria, ci dissero che le auto a motore diesel erano meno inquinanti: racconti terrorizzanti di benzina talmente pericolosa da averla trasformata in "verde", i *boomer* ricorderanno. Auto a gasolio "pulite", la Super era il nemico da abbattere (piombo) e la nafta era la salvezza; neppure 15 anni e la narrazione si è capovolta completamente; le auto diesel sono divenute il problema, vietate alla circolazione in moltissimi centri urbani in tutta Europa e sovratassate ovunque.
Pura obsolescenza forzata, programmata.
Succederà la stessa cosa con le auto elettriche, oggi finanziate e sovvenzionate dallo Stato, come il diesel ai tempi, e fra dieci anni, forse prima, saranno da smantellare come le vecchie caldaie o cucine a gas, perché troppo inquinanti da produrre, poco sicure e impossibili da smaltire.

Ti ricordo che se per vendere qualcosa si deve ricorrere ai sussidi statali significa che quella cosa è invendibile, non vi è nulla che abbia bisogno di sovvenzioni se è competitivo, funzionale e di qualità, è la legge del mercato. Se un prodotto è valido si vende da solo, senza incentivi.
Mentre al giorno d'oggi se qualche prodotto funziona bene viene tassato, molto, e se continua a trovare riscontro nel mercato, di solito viene regolamentato.

La guerra è una strategia commerciale. La strategia commerciale è una guerra.

In entrambi gli esempi citati, auto e caldaie, per corroborare e dare credibilità all'agenda industriale **sono stati fabbricati centinaia di studi scientifici su ordinazione** che avevano la sola funzione di dimostrare le doti e i punti positivi del nuovo, e dare visibilità a difetti e pericolosità del vecchio.
Distruggono la reputazione di ciò che esisteva prima e che per anni aveva fatto il suo dovere, facendo leva su quel che viene universalmente riconosciuto come progresso.
Ma che in verità è quello che in Spagnolo si dice: *espejismo*, termine che deriva da *espejo*, cioè specchio, un gioco di specchi, un *Falso Progresso* insomma.

Il metano ti dà una mano

In concomitanza all'idea odierna di modernizzare le proprie case, per dichiarare guerra alla percezione del metano ad esempio, sono usciti migliaia di articoli di giornale che hanno convinto centinaia di migliaia di famiglie in tutta Europa a convertire i loro sistemi di riscaldamento a gas "amico di Putin", a elettrico "nemico di Putin".

Inversamente proporzionale al racconto che 30 anni fa promuoveva il metano, sempre di Putin, come pulito, il futuro. « Il metano ti dà una mano » diceva la pubblicità. Per poi divenire il principale gas

serra, (dopo chiaramente la CO_2). «Non inquina, è conveniente e guarda al futuro», dicevano. Pura creazione del consenso, col solo scopo di vendervi un prodotto, ieri, oggi o domani. Un'industria della morale a intermittenza.
Che paradossalmente di morale non ne ha nessuna, visto che in tutto il vecchio continente stiamo vivendo la più grande crisi energetica dell'era moderna, dove i prezzi dell'energia sono volutamente fuori controllo e le strategie di vendita spingono per elettrificare tutto: le auto, le biciclette, le piastre per cucinare, le macchine del caffè, persino le serrature e le sigarette...qualsiasi cosa.
In un periodo come questo, cosa sono capaci di fare i nostri governanti di fronte a tale retorica industriale?

Obbligare i cittadini all'elettrificazione, facendo eco all'industria privata e di fatto arricchendo i grandi monopoli. Il prezzo dell'energia raddoppia in pochi mesi e loro vi obbligano ad acquistare un'auto elettrica, con un monopattino elettrico nel baule per il tragitto tra la colonnina e casa vostra.
La CO_2 è parte del piano industriale. Un pezzo del puzzle.

Guerra percettiva

Capisci che non vi è la volontà di cambiare paradigma, tantomeno di salvare il nostro bellissimo pianeta. Si tratta piuttosto di farci cambiare vettura o caldaia esattamente come un telefono o una TV, in maniera frequente e con sistemi sempre più controllabili.
L'obbiettivo è tenerci al guinzaglio corto aumentando i costi di utilizzo e manutenzione, facendo diventare un lusso ciò che prima era un diritto: **trasformando in una concessione temporanea e regolamentata quello che prima si chiamava libertà e qualità della vita**.

Magari ti chiederai come si riesca a fare tutto questo senza che nessuno se ne accorga.
In verità non vi è alcun bisogno di nascondersi, come oramai non vi è nessuna necessità di truccare le elezioni. È sufficiente controllare gli strumenti per far credere ad una maggioranza che da una parte esistano certe minacce e che, dall'altra, l'unica soluzione sia votare per il candidato indicato. Basta diffondere le giuste notizie con un

sistema di detonazione a orologeria.
Coinvolgere in scandali i candidati che non si riesce a controllare e beatificare quelli che eseguono l'agenda.
Un po' di *character assassination* dei concorrenti pericolosi.
Qualche buona e vecchia operazione di *reputation laundering*, lavaggio della reputazione: ed ecco sparire le notizie scomode o i vecchi scandali e comparirne altri per distogliere l'attenzione del grande pubblico tramite qualche giornale di gossip o divulgatore. E il gioco è fatto.
Che si tratti un candidato politico o un prodotto di consumo, la metodologia è la stessa.

Dulcis in fundo: la cristallizzazione del messaggio avviene con la ripetizione costante.

«Una menzogna ripetuta mille volte non diventa la verità, ma finisce per sembrare plausibile.»
scriveva Hannah Arendt.

Se tutti i giorni ti raccontano che il biossido di carbonio è il nemico da abbattere, il problema, finirai col crederci, sopratutto se non sei abituato a farti domande o se non sai cos'è il biossido di carbonio.

Con quella che gli americani chiamano distruzione della reputazione si può far eleggere un presidente, ma si può anche influenzare l'opinione pubblica e con lei migliaia di politici e giornalisti, facendo credere che rappresenta lo 0,042% dell'atmosfera abbia il potere di gestire lui da solo la temperatura media del globo terracqueo e il clima.
Oltretutto colpevolizzando l'uomo, che di questo 0,042% è responsabile solo in parte.
Conclusione: si prendono decisioni senza precedenti per proteggerci dallo zero virgola zero qualcosa.
Sembra un film già visto.

Lei, la povera CO_2 viene sempre dipinta come il nuovo nemico invisibile che mette tutti sotto lo stesso tetto, mortifero e catastrofico.
Impossibile avvicinarsi al dialogo, impossibile trovare materiale in rete che ne dimostri le doti e l'utilità.

Tutti i risultati di ricerca ci parlano di responsabilità umana e di scontro generazionale.
Questa tecnica di distruzione dell'immagine è usata anche contro alcuni prodotti di largo consumo proprio ora mentre leggi queste righe: carne, latte, uova, vino e pasta sono sotto attacco proprio come l'anidride carbonica.
Ad accompagnare questa diffamazione diffusa via *mainstream* vi è una bella dose di operazioni che rimuovono e insabbiano tutto quel che di positivo si è sempre saputo su questi prodotti: i benefici che hanno avuto nella crescita dei bambini da migliaia di anni, la tradizione gastronomica e culturale che inevitabilmente cammina di pari passo con questi alimenti fondamentali e l'indotto che generano.

Non sto dicendo che immettere anidride carbonica in atmosfera sia una cosa buona, ma non può essere visto neppure nella sola visione negativa. Come mangiare carne o allevare bestiame non può essere demonizzato a priori.
Vi sono tanti modi di fare le stesse cose ed ognuna di queste ha un valore in base al contesto.
Decontestualizzare è prassi della disinformazione.

Si devono lasciare le persone libere di scegliere, di vedere e accettare, oppure rifiutare e non comprare.
Liberi.

Quel che succede oggi è che ,per interesse economico, si cancella l'intera storia di un prodotto per poi raccontarne una "nuova". La *cancel culture* non riguarda solo il colonialismo, il razzismo dei bianchi in USA o la famiglia tradizionale, né è prerogativa dei movimenti WOKE.
La guerra tra i padroni della percezione è ovunque. Si deve imparare a difendersi e difendere i valori fondamentali.
Al pari di alcuni alimenti sotto attacco, anche il gas della vita è considerato un prodotto, ma mediaticamente più potente e onnipresente. Difficile applicare la stessa narrazione europea per la carne in USA, ad esempio; impossibile farlo in India o in Cina. Non è facile far credere ad un francese che il vino fa male a lui e al pianeta, molto meglio colpevolizzarlo partendo dal suo tubo di

scappamento. Il latte può essere spacciato come un problema solo in alcune culture, come il grano in altre.

L'anidride carbonica invece è universale, viene venduta e acquistata con i crediti di carbonio da nazioni ad altre nazioni. È un tassello di un apparato industriale in grado di cambiare gli equilibri geopolitici internazionali, influenzare settori economici, fare eleggere politici e consigli di amministrazione ed arriva fino alla gestione di piccole amministrazioni comunali, giù giù fino ai salotti della piccola borghesia, ai professori e alunni di scuole e università, ai bar di periferia.

Riesce a fare ciò che nessun altro *Spaventapasseri Sociale* è mai riuscito a fare. Un mio neologismo concettuale che approfondiremo più avanti.

«Il nostro Pianeta è uno solo e non ne abbiamo un secondo», «non c'è più tempo», «il clima non può aspettare», «si deve agire subito prima che sia troppo tardi», «dobbiamo farlo per le generazioni future», «dobbiamo lasciare a loro un mondo migliore», «abbiamo goduto di privilegi che non meritiamo e ora è venuto il tempo della resa dei conti», «la natura si sta ribellando»: questi e mille altri slogan invadono ed inquinano la narrazione quotidianamente.
Dogmi mediatici che fanno leva su colpevolizzazione e comunicazione emotiva, sulle paure più antiche e ataviche, sulla minaccia alla conservazione della specie e sulle responsabilità individuali. Con la sola volontà di deresponsabilizzare ancora una volta chi invece ha la vera responsabilità, cioè ad esempio chi ha creato questo falso problema, col solo scopo di venderti un prodotto, nuovo.

Se non vuoi la guerra, l'unica soluzione è non combattere. Si può scegliere di essere osservatori intelligenti, non semplici pedine. *The Show must go on,* cantava Freddie Mercury, ma lo spettacolo è totalmente impazzito.
Forse è il caso di rallentare, fermarci un attimo e guardarsi indietro.

Per Tolstoj :

«La vera pace non consiste nell'assenza di guerra, ma nella presenza della giustizia e della verità.»

La cosa divertente e allo stesso tempo tragica è che questa non è una guerra per la verità.
È una guerra per il controllo della meta-percezione. E quando questa vince sulla realtà, succede sempre la stessa cosa: i problemi non si risolvono, si moltiplicano.
Lo scopo non è la soluzione del conflitto, ma dare seguito al caos.
Io non ti chiedo di schierarti.
Non mi interessa arruolarti tra le mie file.
Mi interessa una cosa sola: **riportare il tuo cervello sotto il tuo controllo.**
Perché in un mondo dove l'emergenza ha un colpevole "scientificamente indiscutibile", la rivoluzione non è dimostrare di avere ragione. La sola rivoluzione è essere in pace e capire.

E per comprendere servono: numeri letti bene, concetti rimessi in ordine e una regola semplice che vale più di mille salotti televisivi: quando qualcuno ti chiede di odiare qualcun altro, sta cercando di governarti.

E adesso entriamo nel merito.

CO_2 ti amo

«Quando l'uomo crede di avere tutte le risposte...

è allora che ha smesso di farsi le domande giuste.»

TizianoTerzani.

La Nuova Religione

Questo capitolo e quello seguente provano a spiegare a tutti, da una prospettiva insolita, perché la CO_2 è diventata una religione e come riconoscerne i dogmi.

Esistono due tipi di molecole di anidride carbonica: una la trovi in atmosfera, l'altra nel cervello dei cittadini/consumatori (i fedeli).

Per amare si deve essere liberi dai pregiudizi, pieni di conoscenza, empatici e liberi. Ma più di ogni cosa, amore significa impegno. Amare l'anidride carbonica non è facile, a oggi è una sfida, una prova di coraggio.

Circa tre anni fa pubblicai il mio primo libro: *Manuale di sopravvivenza al Grande Reset*, scritto nel periodo pandemico. Parlando di quell'epoca tra amici e in rete, per descriverla ho usato spesso il termine *plandemia*, che ho visto essere utilizzato solo in Francia. Deriva dalla fusione di: *plan* e *pandémie* (piano e pandemia). Ironico, sarcastico e intelligente al tempo stesso, a parere mio.

Questa parola nuova, mi sono accorto che da alcuni viene interpretata come un attacco personale, una minaccia al proprio modo di pensare. Eppure, rifletti ci, in realtà è fuori discussione ed accettato da tutti che vi fosse un piano pandemico preesistente, ed è ovvio che molto di ciò che è accaduto dopo fosse previsto o quasi. Nessuna cospirazione, ma *Plandemia* mi sembra molto più vicino alla realtà di qualsiasi altro termine per descrivere quel periodo surreale.

Ma risulta scomodo. Stessa cosa vale per l'amore verso l'anidride carbonica. In molti la rifiutano anche solo come esercizio intellettuale.

L'ipnosi collettiva fatta di messaggi terrorizzanti viene diffusa dalla propaganda industriale con lo stesso scopo: colpire l'autostima e mandare in protezione i meccanismi emotivi dell'utente finale, in maniera definitiva, per impedigli di fatto di essere lucido. Incapace di usare la logica e nel panico, il consumatore medio sacrifica all'altare della CO_2, portafoglio e conto in banca. Si immola in nome della sobrietà e col nobile fine ultimo di salvare il pianeta. Comprandosi o credendo di comprare il paradiso climatico.

Una divinità ambivalente l'anidride carbonica, come Poseidone o Zeus, che protegge chi fa scrifici e punisce chi l'affronta e non rispetta i nuovi comandamenti ecologisti. Nei miti antichi gli dei personificavano aspetti della natura e dell'esperienza umana, spesso duali. Si venerava la pioggia che portava vita, ma anche alluvioni. Si invocava il sole per i raccolti, ma portava anche siccità. Nel mondo moderno il tuo comportamento condiziona quello della CO_2, nel bene e nel male.

Il pessimismo implicito nella creazione di scenari di devastazioni che mai si avverano è ormai diventato un'arma per arrivare alla pancia delle persone, ripetuto come un mantra religioso, una sorta di presagio che profila un avverarsi della profezia. Una reiterazione costante e necessaria per far sì che il sistema continui ad esistere, almeno nel mondo virtuale e a raccogliere milioni di dollari di sussidi e donazioni, nel mondo reale.

Spettacolarizzando la realtà quando coincide con la narrazione o semplicemente ignorandola e deridendola quando invece la smentisce.

Come un testo teologico qualunque.

L'occasione persa

Capire dove nasce questo blocco, questa impossibilità di manifestare l'amore verso l'anidride carbonica, è il primo passo. E l'abitudine che può aiutarci a vedere più chiaro rimane una sola: porci le giuste domande.

Quindi: perché scegliere una comunicazione, da parte degli autodefiniti ecologisti, totalmente orientata verso la paura? Perché voler sensibilizzare le persone su un tema così importante come la salute del nostro pianeta, spaventandole?

Pensaci bene: se veramente si volesse il bene della Terra, un futuro migliore, non vi sarebbe nessuna ragione di terrorizzare le persone. Diffondere odio quando lo scopo dovrebbe essere l'amore per il prossimo e la conservazione del nostro spettacolare pianeta, che senso ha?

Non ho tutte le risposte, ma vedo chiaramente gli effetti di queste scelte sbagliate. La paura tiene lontane le persone dal dialogo, le separa. Il panico crea una sorta di *nebbia psicologica* che ci rende incapaci di prendere decisioni con lucidità. Si cercano soluzioni a breve termine, scorciatoie pericolose e spesso non risolutive.

Vale la pena quindi avvicinarsi a questo tema centrale da un'altra prospettiva.

Questo metodo, cioè far leva sull'allarmismo per far passare un messaggio, per come viene affrontato l'argomento della crisi climatica, è in effetti una grandissima occasione persa.

Immaginiamo per un momento l'ecologismo come un'ideologia basata sul rispetto reciproco, sull'amore tra generazioni, sul perdono nei confronti di chi, tempo addietro, ha commesso errori. Un sentimento che ci unisce tutti per un'unica causa comune: il benessere sociale diffuso nella totale conservazione dell'ecosistema Terra. Considera per un attimo uno scenario dove invece che « ultima generazione » avessimo una « prima generazione »; se invece di sporcare opere d'arte si ripulissero intere zone contaminate e inquinate; se invece di bloccare strade incolladosi ad essa, si decidesse di unirsi e cambiare le abitudini partendo dalla base della piramide, che ne so, aiutando gli altri nei compiti quotidiani, senza gesti estremi o spettacolari.

Pensate quale meravigliosa occasione stanno perdendo i giovani in tutta Italia e nel mondo scegliendo di impaurire e impaurirsi, di concentrare le loro energie nella creazione dell'eco-ansia, di avere come unica visione per il futuro la catastrofe imminente. Potrebbero invece essere semplicemente felici di proteggere un fiume o una spiaggia, visualizzando un mondo senza catastrofi, ma pieno di nuove idee, facendo confluire le loro energie per il bene comune.

Potrebbero scegliere di utilizzare le proprie forze per avere servizi pubblici gratuiti, lottare contro la corruzione e il potere dei grandi monopoli o difendere il territorio...e invece no. L'ecologismo diviene uno strumento di potere funzionale al sistema che vorrebbe combattere.

La guerra, mediatica, è l'ennesima occasione buttata. Illusi di poter combattere, e vincere, contro qualcosa di invisibile. Tirando colpi in aria, bendati, come in certe feste di compleanno, cercando di centrare una *piñata* che non esiste.

Si può cercare la pace solo quando non si è divisi in squadrismi.

Altrimenti, alla fine, diviene un « tutti contro tutti ». Tutti uniti in una guerra contro l'anidride carbonica. Seguire questa religione dell'odio genera sensi di colpa e rancore per le generazioni passate e fa perdere la speranza per il futuro.

Proviamo allora a trovare qualche buona motivazione, forse non per amarla, ma, almeno, per non odiare la CO_2.

Facciamo qualche passo indietro, cominciamo dall'inizio: il diossido di carbonio (CO_2), invero, ci ha permesso di essere ciò che siamo oggi. I combustibili fossili, se vogliamo essere più precisi, hanno consentito alla società occidentale prima e al mondo intero poi, di fare un balzo enorme in termini di qualità di vita, che come esseri umani, oltre ad aumentare come mai nella storia moderna la longevità della popolazione mondiale.

Abbiamo poi avuto, tutti noi, accesso a energia a basso costo, che è la base della creazione della ricchezza. Parlando di *Estremo Occidente* o di Europa solamente, avere energia a buon prezzo ha significato per decenni poter acquistare materie prime che non abbiamo, lavorarle a prezzi concorrenziali per costruire e vendere prodotti ad alto valore aggiunto. Siamo stati i migliori al mondo nell'industria automobilistica, nel terziario e nella produzione di beni di consumo, tutti di qualità indiscussa.

Perché? Grazie alle nostre innate capacità individuali, al livello di istruzione e di scolarizzazione, e soprattutto al gas e al petrolio a basso costo.

Perché dovremmo fermare tutto proprio ora?

Non riduciamo il dialogo a fazioni politiche e non applichiamo scelte estreme solo quando seguono gli interessi di una parte dello schieramento. Non sono pro Putin e non sono pro Trump, guardiamo solo i fatti.

Procediamo per passi: abbiamo sicuramente un problema di inquinamento e gestione delle risorse da parte di grandi monopoli industriali e in tanti chiedono l'uscita dall'utilizzo dei combustibili fossili.

Ma cosa vorrebbe realmente dire lo «Stop al Petrolio»?

La nostra società, nel caso sia sfuggito a qualcuno dei nostri governanti è basata sui combustibili fossili e sulla conseguente produzione di anidride carbonica. I nostri abiti, tutte le fibre sintetiche, quelle elastiche, i telefoni con cui comunichiamo, gli schermi dei nostri P.C. e televisori, molti pavimenti su cui camminiamo, parti rilevanti delle nostre case come le grondaie o gli infissi, le vernici sintetiche, le plastiche che utilizziamo nell'imballaggio dei cibi, i mezzi di trasporto e il sistema di vendita, gli zaini e i quaderni su cui scrivono i nostri figli, gli strumenti che ci servono per curarci, dalle siringhe ai macchinari, praticamente tutta la tecnologia che utilizziamo quotidianamente è plastica o derivato dal petrolio.

Se si vogliamo dire «Stop al Petrolio» dobbiamo mettere in conto che quella sì sarebbe una catastrofe sociale senza precedenti.

Sto esagerando? Non credo, ma ci tengo a dirti una cosa: io non voglio avere ragione, voglio solo farti uscire dal recinto percettivo creato dalla programmazione dominante.

Perché ad oggi non abbiamo neppure la minima idea di come sostituire tutti i prodotti derivati dal petrolio con qualcosa che ci permetta di mantenere la stessa produttività, lo stesso tenore di vita, la stessa struttura sociale senza creare nuovi danni ambientali, nuove problematiche ecologiche o peggio socio-economiche.

Come dicono nella terra dei *würst* e della birra: si sta di fatto *mit Kanonen auf Spatzen schiessen,* cioè sparando ai passeri coi cannoni.

La CO_2 come simbolo non chimico, ma religioso, dovrebbe essere santificata, non demonizzata. Alcuni professori e scienziati che assediano gli studi televisivi si sono trasformati oramai in sacerdoti, votati alla difesa dogmatica dell'ideologia, celebrano la creazione del nemico e la colpevolizzazione dei peccatori. Chi ha "il peccato" sulle spalle non può far altro che purgare le proprie pene, rinunciando a diritti e libertà, se non ha abbastanza soldi per comprarseli.

Fatti un giro per l'Europa: i palazzi, le autostrade, i supermarket, le fattorie, gli Hotel, le scuole, i giardini e tutto quello che è stato fatto e mantenuto dall'uomo è direttamente legato all'energia che è servita dalla progettazione alla costruzione che arriva direttamente dai combustibili fossili. Il capro espiatorio climatico che respiriamo è il risultato del nostro benessere.

Il Prodotto Interno Lordo di uno Stato è direttamente connesso al suo accesso a energia a basso costo. La produzione industriale è di fatto il termometro della trasformazione dell'energia in ricchezza ed è legata al benessere sociale. Ridurre questo discorso a una guerra tra buoni e cattivi, tra negazionisti e salvatori del pianeta, è parte della propaganda che impedisce qualsiasi dialogo reale.

«Il prezzo che paghiamo per qualsiasi cosa è la quantità di vita che scambiamo per essa», scriveva Henry David Thoreau.

E forse è proprio qui il punto: stiamo barattando vita reale, benessere e libertà con una narrazione astratta, dai costi insostenibili.

La CO_2 è un falso problema

La CO_2 non è il problema. Il problema è la gente che ha bisogno di un problema.

Io amo l'ozono e amo anche l'azoto. E pure l'ossigeno.

Sai che se ci fosse anche una piccola percentuale di ossigeno in più in atmosfera ci bruceremmo i polmoni in un attimo. Ma nessuno che conosco lo odia o vuole tassarlo, neppure vuole controllarne l'emissione in atmosfera. Il 78% di quello che respiriamo è azoto, qualcuno di voi vuole regolamentarlo perché in grandi quantità provoca asfissia? Il biossido di carbonio è diverso...dicono.

Ma allora perché non piantiamo alberi? Perché non coltiviamo alghe? Semplicemente perché la CO_2 è un falso problema, che però crea e dipendenza dalle sovvenzioni e fomenta l'acquisto compulsivo, in pratica è funzionale al sistema. L'odio vende, l'amore no.

Vi sono centinaia di studi che dimostrano numeri alla mano che basterebbero coltivazioni di alghe per assorbire tutta quella emessa dall'uomo. E altrettanti studi che quantificano l'assorbimento dell'anidride carbonica da parte dei vegetali. In molti hanno calcolato esattamente quanti alberi piantare. Si tratterebbe di obbligare ad investire ogni nazione al mondo in soluzioni reali. E ancora, nessuna teoria farlocca, nessuna tecnologia nascosta. Semplicemente alberi.

Non soluzioni politiche. Non creazioni di comitati o di commissioni speciali, dove infilarci dentro amici e parenti. Non sovvenzioni e incentivi destinati a ditte private coi quali proprietari si va a cena o a giocare a golf. Non porte girevoli tra politici e industria. Non premi o incarichi a fine mandato.

Ma alberi e alghe.

Eccoti qualche esempio concreto: basterebbe infatti una superficie di pini grande come due volte la Francia per sequestrare tutto il biossido di carbonio emesso annualmente in atmosfera dall'uomo. Oppure una superficie come quella dell'Italia coltivata ad alghe. Pensi sia una superficie troppo grande?

Se la dividessimo solamente per 100 dei 193 paesi che esistono al mondo, diciamo i più grandi e industrializzati, che sono anche quelli che inquinano di più, sarebbe sufficiente che ognuno di questi piantasse alberi su una superficie pari alla provincia di Trento oppure coltivasse alghe su circa 3000 km^2 di mare. Parlando di soluzioni e di Italia basterebbe dividere questa superficie per le regioni che sono sul mare e si otterrebbero 200 km^2 per regione.

Un rettangolo di 10 x 20 Km per regione coltivati a alghe, con un costo ridicolo se rapportato ai costi dei crediti di carbonio o a quelli delle presunte "misure" per raggiungere le « emissioni zero » che si stanno mettendo in atto con divieti e tassazioni. Inoltre le alghe possono essere utilizzate per una molteplicità di sottoprodotti; quindi oltre a catturare anidride carbonica, produrrebbero introiti e creerebbero occupazione, ma evidentemente questo non interessa a nessuno.

Gli stupidi hanno le risposte, gli intelligenti le domande: le tasse pagate per emettere CO_2, esattamente, dove vanno a finire?

Gli obblighi e le restrizioni quali risultati hanno? La perdita di libertà e le sanzioni quale beneficio economico portano?

E in fine: **se facciamo tutto quello che i nostri governanti vogliono a livello europeo o nazionale, funzionerà ?** Perché nel caso in cui, dovessimo distruggere la nostra economia e la nostra società per non avere nessun risultato, chi pagherà il conto?

Il principio di precauzione

Coltivare alghe non ha impatti negativi se fatto con un minimo di criterio: non è paragonabile a un parco eolico e neppure a centinaia di ettari di pannelli solari, certo non produce energia direttamente, ma ci consentirebbe di eliminare definitivamente il problema (falso) della CO_2.

Piantare alberi quali conseguenze economiche avrebbe? Niente deindustrializzazione, niente licenziamenti di massa, niente elettrificazione forzata, niente miniere di cobalto in Africa centrale per produrre batterie, niente litio nelle falde acquifere in Australia o Sud America, nessuna disoccupazione in Europa, il tutto seguendo il principio di precauzione citato nella costituzione della Comunità Europea:

«*Il principio di precauzione è un approccio alla gestione del rischio per cui, qualora sia possibile che una determinata politica o azione possa arrecare danno ai cittadini o all'ambiente e qualora non vi sia ancora un consenso scientifico sulla questione, la politica o l'azione in questione non dovrebbe essere perseguita.*»

Le misure che in maniera quasi univoca vengono proposte come soluzione al problema sembrano, a ragion veduta, peggiori del problema stesso. Con conseguenze che è persino difficile prevedere in maniera corretta, sopratutto quelle che riguardano la nostra struttura sociale, e senza avere la minima idea di quelle indirette della produzione industriale legata a queste nuove tecnologie. Il tutto in nome di una previsione ottimistica su una catastrofe prevista da una teoria. Stiamo cioè distruggendo l'economia europea perché se riduciamo le nostre emissioni "può darsi", "forse", "sembrerebbe" che potremo ridurre l'aumento della temperatura globale.

Di quanto? Nessuno è in grado di dirlo. Si ipotizza di limitarne a un grado virgola qualcosa l'aumento. Ma allora almeno possiamo fermare il riscaldamento globale? Probabilmente no. Quindi, perchè continuare a distruggere invece di costruire?

Non sto difendendo la CO_2: difendo il diritto di ragionare senza catechismi. Che l'uomo impatti l'ambiente è ovvio. Che l'anidride carbonica sia il nuovo demonio, no.

A falso problema: falsa soluzione

Obblighiamo ogni nazione che inquina a piantare un equivalente di alberi sufficiente e/o a coltivare le alghe necessarie ad assorbire tutte le emissioni di cui questo paese è responsabile...e il discorso è chiuso definitivamente.

Avrai sicuramente sentito parlare, da almeno un ventennio, di tecnologie fantascientifiche o fintascientifiche per catturare la CO_2, come se si trattasse di un delinquente ricercato a livello internazionale: il lessico è importante, fondamentale nella creazione della nuova religione.

Bene: dove sono finiti questi progetti per il sequestro del delinquente allo stato gassoso? Chi ha incassato gli investimenti in ricerca e tecnologia? Studi e articoli di riviste specializzate escono in maniera regolare con annunci tonanti che parlano di nuove "scoperte" in grado di assorbire tonnellate di anidride carbonica. Dove sono?

Nessuno ti risponderà perché tutti sono implicati e corrotti. Progetti sovvenzionati che costano milioni, che finiscono esposti in mostre e musei. *Galà* di presentazione, bottiglie che si stappano davanti a lauti banchetti. Grandi brindisi e dichiarazioni spettacolari. Il mondo è salvo!

Cin cin, à la vôtre! ...coi soldi dei contribuenti. E tutto finisce in una bolla di sapone, costata molto cara.

La soluzione è gratis e sequestra il "nemico invisibile" in maniera perfetta, silenziosa ed efficace da milioni di anni.

Sono sopravvissuti a livelli di anidride carbonica 20 volte gli odierni e hanno di fatto stabilizzato clima e meteo su questo pianeta, prima, durante e continueranno anche dopo la nostra presenza su questo pianeta. Alberi e alghe aumentano i posti di lavoro, creano aria e acqua pulite, più verde e spazi per grandi passeggiate a piedi o in bicicletta, alimenti o cosmetici naturali, energia a basso costo e impatto ambientale nullo, oltre a tenere pulito il mare. Non è quello che ogni ecologista vorrebbe?

E allora perché quelli di oggi votano per la guerra, usano la violenza verbale per diffondere messaggi salvifici, annunciano apocalissi e utilizzano la colpevolizzazione e l'infantilizzazione come strategia di comunicazione?

Tolstoj :*«..la guerra non è solo un conflitto militare: è caos, confusione, dolore. La pace non è solo assenza di guerra: è crescita, armonia, legami.»*

L'amore è libertà, l'odio è una prigione.

Chi ama la vita, la respira; non so cosa sia veramente la felicità, ma penso che ci si possa avvicinare amando incondizionatamente. Odiare è il vero peccato, un vero peccato.

CO_2 ti odio

«La cosa orribile dei Due Minuti d'Odio era che nessuno veniva obbligato a recitare. Evitare di farsi coinvolgere era infatti impossibile. Un'estasi orrenda, indotta da un misto di paura e di sordo rancore, un desiderio di uccidere, di torturare, di spaccare facce a martellate, sembrava attraversare come una corrente elettrica tutte le persone lì raccolte, trasformando il singolo individuo, anche contro la sua volontà, in un folle urlante, il volto alterato da smorfie. E tuttavia, la rabbia che ognuno provava costituiva un'emozione astratta, indiretta, che era possibile spostare da un oggetto all'altro come una fiamma ossidrica.»

George Orwell "1984"

Se dopo questo capitolo continuerai a credere che la molecola della vita sia Satana, almeno lo farai con maggiore consapevolezza.

La ragione più diffusa che preclude agli esseri umani di amare è la paura. Le paure inconsce, ad esempio, legate a blocchi psicologici o a ferite emotive, creano una sorta di corazza che di fatto impedisce di aprirsi davvero. Ciò che spinge di più le persone a odiare sono: sentirsi minacciati, il senso di ingiustizia e chiaramente la rabbia. È umano e chi mediaticamente fa leva su questi sentimenti lo sa perfettamente. Non è un caso, è un metodo.

Prima di proseguire è necessario chiarire un mio punto debole, sono anch'io vittima e carnefice. Per restare sul tema teologico del nostro nuovo Dio, il biossido di carbonio: « chi è senza peccato, scagli la prima molecola ».

Le righe che seguono non sono una mancanza di sintesi o un difetto di scrittura. Sono una scelta deliberata, una strategia narrativa e cognitiva precisa. Servono a mostrare che non siamo di fronte a un evento isolato, ma a uno schema che si ripete nel tempo, con volti diversi e nemici sempre nuovi. Devono ricreare in te quella sensazione di *déjà-vu* che accompagna ogni grande campagna di terrore, quando il copione è lo stesso ma cambiano gli attori.

Attraverso la ripetizione emerge il *pattern* della disinformazione mirata, che muta bersaglio ma non struttura e si rende percepibile la pressione psicologica fatta di *slogan,* semplificazioni e martellamento costante.

Esempio: se oggi la Germania è in recessione e solo tre anni fa era la locomotiva d'Europa è perché non ha più accesso a combustibili fossili a basso costo. Considerare la CO_2 un nemico equivale a considerare come un nemico la nostra qualità di vita. Più anidride carbonica è uguale a più produzione industriale. Meno equivale a disoccupazione, povertà, fabbriche che chiudono, famiglie più povere e sempre più bisogno di politiche di sostegno, sovvenzioni, e aiuti dello stato. In poche parole l'inverso di quello che i governi europei ci raccontano essere il modello politico del futuro.

Ma come si dice, appunto, in Germania : *"Keine Panik auf der Titanic"*. Il sarcasmo dei popoli del nord è sempre d'aiuto, anche quando la barca sta affondando: niente panico sul Titanic...

Le politiche, come i politici, cambiano, le idee pure. Quel che rimane è una lezione morale da raccontare ai nipoti, prima di farli dolcemente addormentare.
A volte le favole hanno bisogno di una metafora, per essere capite anche dagli adulti. Altre volte prendono spunto da fatti realmente accaduti.

Gli Spaventapasseri Sociali

Per comprendere il motivo per cui la narrazione *green* attacca così tanto questo gas, ti devo spiegare il ruolo fondamentale di quelli che io chiamo *Spaventapasseri Sociali (S.S.).*

Genericamente sono un cocktail di tecniche di comunicazione e ingegnerizzazione del consenso in cui è fondamentale selezionare un nemico, passando attraverso la creazione di un monopolio mediatico che punisce chi dissente e ricompensa chi è più conforme.

Lo scopo? Terrorizzare le persone e farle restare lontane tra di loro. Deviare la percezione collettiva, impedire il dialogo o il dibattito e imporre un conformismo intellettuale come unica via di uscita. Il tutto generando qualche effetto collaterale: aumenta l'odio e, di pari passo, la paura, come nel principio dei vasi comunicanti.

Cercherò di spiegarmi meglio: quando in un dibattito pubblico non entra la parte ideologicamente opposta, si parla di mancanza di pluralismo o assenza di contraddittorio. Questo oggi, sembra avvenire solo quando si deve sostenere la tesi narrativa dominante, la presunta versione ufficiale. Gli studi televisivi sono occupati da personaggi che oramai li hanno monopolizzati e che sono praticamente dei *tuttologi*: esperti di strategia calcistica durante i mondiali, "viroStar" e "dottorissimi" durante le *plandemie*, divulgatori scientifici, debunker ed odiatori seriali quando si tratta di descrivere la CO_2. Costoro, insieme a molti professori in totale buona fede, sono divenuti i sacerdoti della nuova religione, secondo la quale un atomo di carbonio legato a due di ossigeno diventano la colpa di tutto. Il rituale si ripete ovunque perché il potere ha bisogno di mantenere la paura stabile e il peccato misurabile.

Nell'ingegneria sociale odierna gli *S.S.* possono essere delle persone, quasi sempre disumanizzate, oppure delle ideologie, entrambe utilizzate per creare l'illusione del pericolo per la popolazione o la società. Facendo sembrare reali problemi o nemici inesistenti.

Di solito mascherano un vero e proprio attacco ben indirizzato a certe classi sociali, certe fasce di mercato, certe nazioni o a schieramenti politici e ideologici. Hanno sempre un obbiettivo o più di uno. Nel complesso campo narrativo dove si trova il nostro *Spaventapasseri*, il *divide et impera* è fondamentale per generare fazioni, spaccature e contrapposizioni. Viene attuato a volte come preparazione del terreno, in modo che si sviluppi una sorta di guerra ideologica intestina, che permette di creare il terreno fertile necessario, benedicendo le buone guardie e demonizzando i cattivi ladri. Come nel gioco che tutti i bambini della mia generazione hanno fatto, «guardie e ladri» appunto.

"Gli esperti del tutto" si arrogano il titolo di autorità mediatiche. Ospitati a destra e sinistra, nell'epoca della post politica, sono intercambiabili tra di loro, utilizzando titoli e studi come clave su vittime prescelte. La morale diventa un meccanismo perfetto di censura. Non sei d'accordo col dogma mediatico: non hai diritto a esprimerti. Discorso chiuso.

Quelli che rispettano le regole contro quelli che le violano, chi ama il pianeta contro chi lo condanna, peccatori contro fedeli. Gli stessi che, paradossalmente, dovrebbero salvare il pianeta condannano l'economia reale. Coloro che vorrebbero lottare per il futuro delle generazioni a venire distruggono il presente. Nel panorama mediatico i predicatori della *green economy* sono spesso talmente in conflitto di interessi che in realtà non hanno nessuna alternativa: devono vendere la propria ideologia come l'unica possibile, fomentando l'odio verso chi non ha intenzione di partecipare, contro chi non vuole comprare.

Quando il consumismo diviene religione, fare *shopping* è un dovere morale.

Il termine S*paventapasseri Sociale* non è un concetto comune nei discorsi accademici o pubblici tradizionali, è uno *storytelling* che si avvale della creazione artificiale del consenso tramite la diffusione del panico.

Abbiamo vissuto periodi in cui un "arabo con valigetta" seminava terrore in qualsiasi aeroporto del mondo, anche se nella realtà mai nessun "arabo" aveva rappresentato un pericolo o si era fatto saltare in aria, con o senza valigetta. Era uno stereotipo, rifletti. È un esempio caricaturale, una rappresentazione simbolica, esagerata, ma non esiste un singolo caso documentato del genere. L'odio cresceva parallelo all'immagine creata a tavolino.

Lo *S.S.* dell'epoca era il terrorismo: nemico invisibile, onnipresente e inseguibile ovunque.

Estremamente comodo alla macchina della guerra per aprire nuovi conflitti senza dover neppure creare un *casus belli.*

Bastò sventolare una fialetta di "qualcosa" alle Nazioni Unite e il gioco era fatto. Se sei tra le persone che ancora credono alla bugia raccontata da Colin Powell ti invito a fare una semplice ricerca su Google. Stessa metodologia era usata per definire gli Stati Terroristi, quelli con la T maiuscola, le organizzazioni o le personalità scomode: una lista di personaggi influenti presidiava gli studi televisivi e le agenzie di stampa, diffondendo il volere di chi la guerra la stava mettendo in atto. La strategia del terrore fu la creazione perfetta: teneva lontane le persone dalla discussione, dall'analisi delle cause, dall'indagine sui mandanti e dalle inchieste indipendenti. La paura diventò la giustificazione ideale per limitare le libertà personali, attaccare dissidenti e aprire conflitti in aree di interesse geopolitico e minerario. Nonché indirizzare l'opinione pubblica.

Non fu una cospirazione del *deep state,* era un metodo. Bastava e basta seguire i soldi per trovare i mandanti.

CO_2 is the new COVID

Passa qualche anno e arriva il Virus, anch'esso con la V maiuscola. Altro evento trasformato in *Spaventapasseri Sociale*, altra macchina della paura. *Invisible enemy,* nemico invisibile che doveva tenere lontane le persone, oltre che fisicamente, anche intellettualmente, perfino dall'idea di poter parlare di certi argomenti. Chi si poteva esprimere in pubblico era ancora una volta una lista selezionata: personaggi che seguivano alla lettera la propaganda farmaceutica. Chi non era allineato, anche se premio Nobel, scrittore, virologo o microbiologo, veniva tacciato di disinformazione o incompetenza ed etichettato come un pericolo pubblico da censurare.

L'odio era palesemente accettato: fobia, panico e manifesta ipocondria mettevano d'accordo il plurilaureato con l'operatore ecologico, non me ne vogliano né una, né l'altra categoria. Persino la religione, quella ufficiale, si piegò al volere della farmaceutica.

Il Papa recitò la messa a San Pietro, da solo. Oggi fa le sue prediche parlando di ecologismo e benedicendo un pezzo di ghiaccio della calotta polare.

Il disprezzo, ai tempi, si traferì dal virus alle persone: era "ufficiale", si poteva odiare chi non ubbidiva alle regole per decreto. Si legittimava l'insulto a coloro che non manifestavano il loro panico. Non avevi paura, eri un nemico. Non ti nascondevi in casa, eri una minaccia per tutti; volevi decidere per il tuo corpo, andavi messo ai bordi della società. Il peccato era quantificabile, grafici e statistiche confortavano la narrazione e supportavano l'unica verità accettata, premiando i conformi e punendo chi conforme non era.

Chi in quel periodo predicava compassione, cercava di avvisare il prossimo e di proteggerlo da eventuali scelte affrettate dettate dal panico, fu censurato e violentemente attaccato, esposto ad una gogna mediatica senza precedenti. Chiunque si sottometteva in silenzio e ripeteva i messaggi a pappagallo entrava nel sistema di ricompense (come oggi). L'odio di gruppo canalizzato verso un altro gruppo, una minoranza, era accettato.

L'amore e la collaborazione, come sempre nella storia, venivano punite. La creazione di falsi allarmi funzionò alla grande, almeno per una buona fetta della popolazione e per i governi di tutto il mondo che si allinearono, altro non fosse che per puro interesse politico. Esattamente come ai giorni nostri per le tematiche e politiche climatiche.

La *CO_2 is The New Covid.* Non perché siano la stessa cosa, ma perché sfruttano lo stesso meta-meccanismo, la stessa percezione.

Non si può parlare di anidride carbonica se non in chiave negativa/catastrofista, devi odiarla. Se osi far notare che in verità non vi sono neppure le basi scientifiche per affermarne la pericolosità, così come vorrebbe il pensiero unico, vieni silenziato e accusato di non poter essere in grado di parlare di cose che non hai studiato:

"Davide, sei mica un climatologo tu!"

Mentre in TV vanno a parlare di clima cantanti, geologi e bambini, così come andavano a parlare di virus veterinari e attori.

Oggi la categoria di chi ama "pubblicamente" l'anidride carbonica, neppure esiste: non è parte della percezione neppure come dissenso controllato.

Falso Progresso e ingegneria sociale

Le persone ipnotizzate da questa narrazione si rifugiano in luoghi comuni e ripetizioni a memoria, parlano attraverso slogan sentiti al telegiornale o letti nei quotidiani. Recitano il rosario climatico.

Una tipologia di "preghiera" tra le più diffuse è quella legata al progressismo: **tutto ciò che è nuovo è migliore di ciò che è vecchio**. Ignorando che il sol fatto di costruire implica sempre dei rischi ambientali, che nel caso del vecchio abbiamo già considerato e pagato, mentre nel caso del nuovo spesso non conosciamo neppure.

Se qualcosa funziona, cambiarla è uno spreco inutile. Il progresso come ideologia è marketing industriale: nient'altro che obsolescenza programmata. I tedeschi, che hanno una parola per ogni cosa, lo chiamano *Scheinfortschritt*, cioè progresso apparente, di apparente efficacia, ma inutile e dannoso.

Da molti secoli le religioni, nella quasi totalità, hanno avuto la funzione di tenere lontano il popolo dal solo provare a porsi le giuste domande, fornendo risposte preconfezionate. Oggi questo ruolo viene di fatto rimpiazzato dalla scienza, con la "s" minuscola, non quella del metodo, ma quella con la h alla fine.

Chi si oppone, chi ha dubbi sulla narrazione climatica, per restare sul pezzo, è un negazionista, un termine che riporta la memoria ai negazionisti dell'Olocausto, creando quel pericoloso accostamento di idee per cui chi nega il cambiamento climatico negherebbe anche gli orrori del nazismo e commetterebbe un reato. I sostenitori delle tesi ufficiali continuano a lavorare alla **creazione di una percezione d'illegalità** verso chi si pone domande. Una follia senza precedenti.

Lo *S.S.* da me descritto è una rappresentazione distorta di un'ideologia unita e parallela alla demonizzazione di una molecola, la CO_2; il piano comunicativo utilizzato per il racconto mediatico è costruito appositamente per manipolare l'opinione pubblica e giustificare determinate azioni contro di essa. Il che non vuol dire che vi sia "un unico malvagio piromane", ma un grande incendio dove, in molti, versano benzina volontariamente, spesso per interesse o semplice piacere personale.

Questo sistema in epoche più recenti si avvale anche di un'altra tecnica di manipolazione efficace: la fallacia dello spaventapasseri o *straw man fallacy*, applicata a un contesto sociale più ampio.

Quest'ultima consiste nel distorcere o semplificare eccessivamente la posizione di un avversario per renderla più facile da attaccare o confutare. Invece di affrontare l'argomento reale, si costruisce attorno ad essa un'argomentazione falsa o fuorviante, che poi viene abbattuta facilmente, relegando, ad esempio, tutti gli argomenti scomodi a tesi cospirative, evitando così qualsiasi tipo di confronto diretto o discussione.

Genericamente l'arma narrativa più utilizzata e riconoscibile per confutare un valido contraddittorio, è la semplificazione eccessiva: il gruppo o la posizione vengono ridotti a stereotipi o caricature, ignorando la complessità e le sfumature dell'argomento e le reali convinzioni di chi dissente. Gli studi scientifici e tutto quel che non si accosta alla sceneggiatura mediatica , vengono trattati come ridicoli, inconsistenti o semplicemente come complotti da paranoici.

Slogan come « non confondere meteo con clima » sono l'espressione massima della semplificazione e del non volere informare: servono solo a chiudere più velocemente possibile il dialogo, sbagliando clamorosamente sia sul piano della comunicazione che su quello semantico, ma rimanendo sempre dalla parte della ragione.

La differenza, in parole semplici, starebbe nella definizione: il meteo descrive la situazione momentanea, si parla di ore o giorni; il clima descrive la media e la tendenza a lungo termine, si tratta di anni o secoli. Quindi ogni volta che uno scettico parla del meteo dicendo qualcosa come: «quest'inverno ha fatto freddo», lo si attacca perché questo dato non riguarda la tendenza, ma solo il breve termine, archiviando tutto col solito ritornello. Il problema è che la tendenza è una successione di eventi meteorologici, il meteo fa il clima. Si ridicolizza, si attacca chi porta il messaggio, si ignora il fatto per non argomentare sul tema stesso.

Fedeli del paradiso climatico

Un'altra caratteristica ricorrente del cocktail meta-comunicativo è **l'attribuzione ad altri di intenti malevoli**. La teoria prevalente, l'idea comunemente accettata è che se non prendi certe decisioni, se non ti allinei con determinate ideologie, se non condividi quelle tesi scientifiche, hai qualcosa che non va, vuoi probabilmente distruggere il pianeta. Se non fai come la maggioranza, sei un malvagio, hai torto e vuoi far male agli altri.

Ricordiamo per dovere di cronaca che nella stragrande maggioranza dei casi, passatemi la ripetizione, la maggioranza delle persone si è trovata, storicamente, dalla parte sbagliata della storia. In epoche non lontane una buona parte degli italiani era fascista, dei tedeschi era nazista e degli spagnoli difendeva la dittatura. É grazie ad una minoranza di persone che il mondo è cambiato in meglio: piccoli gruppi di sovversivi e pericolosi pensatori hanno fatto le grandi rivoluzioni, mai la maggioranza.

Chi sfrutta astio e paura, chi prova a canalizzare le masse e orientarle ha raramente intenzioni dannose o immorali, ma frequentemente grandi interessi economici nascosti e spesso una volontà oscura di presa del potere. E per un principio ben noto, quando si trova esposto, accusa gli altri per primo di quel che lui stesso sta perpetrando. «State rovinando il pianeta e non vi resta che votare per me, sono l'unico che vi salverà dall'apocalisse», «dovete consumare di meno, fare rinunce e sacrifici e la giusta scelta nell'urna elettorale», «sono le generazioni future a dover difendere la Terra e cambiare le cose» : un capovolgimento totale della responsabilità.

In questo girone dell'inferno degli odiatori seriali, esistono gruppi diversi con differenti motivazioni che perseguono lo stesso fine, venerando lo stesso demone: servi inconsapevoli o pienamente coscienti, mossi da interessi legati alla loro volontà di essere parte del gruppo dominante, di avere sempre il coltello dalla parte del manico o di imporre la propria versione dei fatti, anche se è completamente basata su valori invertiti. Sono i fedeli più vicini ai sacerdoti, quelli che spesso ne traggono vantaggi economici diretti o morali, indiretti. Dalla pacchetta sulla spalla, allo stipendio mensile, dall'invito alla cena mondana, alla valigetta piena di contanti. Tutto ha un prezzo, se "sei tu" a vendere i biglietti per il paradiso climatico.

Esiste una sorta di sistema di incentivi che tocca direttamente le più importanti organizzazioni sovranazionali del mondo, che lega a guinzaglio corto la centralizzazione del potere con i maestri di cerimonie. Gli interessi di grandi gruppi industriali ruotano attorno alla creazione di un nuovo Dio, da odiare o da amare. L'industria dell'emergenza vede la CO_2 come uno strumento di potere e trasforma la scienza in liturgia climatica, offrendoti anche la salvezza, ma solo a pagamento o facendo "sacrifici". Rinunciare ai diritti fondamentali, per esempio, alla qualità della propria vita per ottenere favori, protezione o equilibrio dalla divinità.

Sono, a volte, gli stessi "volenterosi carnefici del proprio benessere", malinconici dei regimi peggiori come il fascismo, il nazismo o delle restrizioni legate al Covid-19. I misantropi incapaci di tollerare ciò che non riescono a etichettare. I nostalgici della distanziazione sociale, del divieto di baciare qualcuno in pubblico, del pass per entrare al ristorante, in piscina o al cinema. Oggi amanti delle privazioni legate all'ecologismo estremo: in tre su una bici elettrica, in mezzo al traffico più assurdo, rischiando la propria vita e quella dei propri figli pur di "non emettere" anidride carbonica. Devoti dell'austerità: non desiderare l'auto termica del vicino, santificare la sacra Tesla e il divino cibo BIO. I nuovi comandamenti della nuova religione.

Non fidarti delle narrazioni "pulite"

L'odio diffuso nei confronti dell'anidride carbonica, non è altro che la dimostrazione evidente della necessità, da parte di chi comanda, di spostare l'attenzione contro un nemico invisibile. Le vere cause dei crimini, delle guerre, dei disastri ambientali e delle follie economiche non fanno mai parte del racconto.
Non vengono mai affrontate.
Si sguazza in una enorme comoda bugia. La colpa è della CO_2, del tuo diesel e della tua caldaia.
Tu vivi troppo, paghi troppe poche tasse, fai troppi figli, hai una casa di proprietà e soprattutto, inquini!

Il biossido di carbonio (CO_2) è il nemico, sempre descritto con un'aura mortifera e terrorizzante. I politici europei si spostano in jet privati a nostre spese tutto l'anno, tra elicotteri e cortei di auto di scorta, organizzano riunioni a Dubai su come salvare il pianeta dalla catastrofe climatica e ci dicono che si devono fare sacrifici, mentre loro mangiano aragoste, brindando a *Champagne*.
Altri ci impartiscono lezioni su come inquinare meno mentre sono seduti a tavole piene di imballaggi di plastica, frutta proveniente dall'altra parte del globo e cibo spazzatura.

Se vuoi fare la morale al mondo devi essere impeccabile, altrimenti non sei credibile.
Questa foto a sinistra è stata pubblicata sul profilo Twitter di Greta Thumberg e ha ricevuto, ovviamente, una *shit storm,* una tempesta di commenti negativi.

Qualche minuto dopo la foto e il post sono stati cancellati e sostituiti con l'immagine a destra: tavola ripulita, quindi ripulita Greta, e il suo fan club è contento. Un esempio di *image clean-up*, pulizia dell'immagine alla lettera, che spesso corrisponde a una pulizia delle coscienze. Greta non può chiedere agli altri di salvare il pianeta facendo sacrifici e scelte coraggiose se è lei la prima a doversi ripulire per essere credibile.

Esco per un attimo dal tema centrale del libro, per prendere come esempio, forse più noto, il modo in cui Wikipedia lava i profili di Bill Gates dai suoi processi per Microsoft, dagli scandali della sua fondazione in Africa, dalle multe che hanno pagato le sue ditte, tutto eliminato o quasi. Per poi presentarlo come un filantropo che vuole salvare il mondo donando gran parte del suo patrimonio ai poveri in Africa. Quasi tutti i giornali del globo lo hanno descritto così, fai una piccola ricerca se non mi credi.
Uno scrittore francese, Lionel Astruc, ha scritto il libro: *L'Arte della falsa beneficenza* coniando per primo il termine *filantrocapitalismo*, riferendosi direttamente alla Fondazione Bill and Melinda Gates.
Prendo l'ex patron di Microsoft, come esempio negativo, ma avrei potuto fare tanti altri nomi di milionari che si comportano allo stesso modo. La falsa beneficenza è uno specchio per le allodole, come il falso ecologismo e il *greenwashing*.

Così per Greta, che è un esempio di una creazione mediatica completamente pilotata dall'agenda mondialista, la stessa che lei e il suo fan club vorrebbero distruggere.

L'attivista al Word Economic Forum di Davos nel 2019:
«I want you to panic.»
«Voglio che entriate nel panico.»
Sono parole "sue" e rivelano molto delle "sue" vere intenzioni.

Io non ho nulla contro questa ragazzina, se avessi la possibilità di incontrarla la abbraccerei perchè è vittima, come lo sono stato io.
Non si può ignorare nessuno.
Il suo discorso all'ONU, i suoi occhi pieni di odio per le generazioni passate sono il frutto della manipolazione subita e della conseguente frustrazione: nulla a che vedere col clima, con l'inquinamento o con i componenti dell'atmosfera.

Un gas che è la base della vita sulla terra non può essere odiato.
Così come una ragazzina non può essere detestata, sia figlia di milionari o della classe operaia.
Entrambi rappresentano il nostro futuro, il mondo che verrà: devono essere aiutati e compresi, amati.

Amate Greta e la CO_2.

La creazione del Mito

«L'artico sarà libero dai ghiacci entro il 2014»

Al Gore, discorso del 10/12/2007 per la consegna del premio Nobel.

Nel 2009 insieme a John Kerry prevedono per il 2014 un'estate artica completamente priva di ghiaccio: il Polo Nord non esisterà più, minacciano!

Niente di tutto ciò è mai avvenuto,

nulla, nada, rien de rien...

La continua creazione di crisi all'interno di altre crisi e lo stato di emergenza perenne in cui vive l'estremo Occidente sono direttamente proporzionali all'avversione verso l'anidride carbonica. Sono un sintomo, ma la malattia è un'altra.

Oramai da più di un secolo l'Europa e il mondo intero sono sotto attacco da uno dei più efficaci e spettacolari organi di manipolazione della percezione mai creati nella storia: Hollywood.

Catastrofi, omicidi e guerre sono entrati a far parte dell'immaginario collettivo in una maniera così brutale e veloce che in pochi hanno avuto il tempo di accorgersene. Come per la trama di un film, ogni mito ha sempre tre ingredienti: una minaccia invisibile, una colpa collettiva e un sacrifico richiesto. La prima crea la seconda, annullata dalla terza e il circolo può ripetersi. Una divinità che non ha più bisogno di templi, ma arriva direttamente a casa vostra e sarete voi a pagarla:

..e la Terra prese fuoco

È uno dei primissimi film che contribuì a gettare le basi per la creazione dello *Spaventapasseri Sociale* climatico odierno. Uscito nel 1961, racconta che nella redazione di un grande quotidiano londinese alcuni giornalisti si accorgono di un elevato aumento della temperatura su tutta la superficie terrestre. Si diffondono notizie contrastanti: secondo alcune fonti il fenomeno è dovuto a esperimenti nucleari compiuti dagli americani al Polo Sud, secondo altri da quelli dei russi al Polo Nord. Una meteorologa sembra risolvere il dilemma sostenendo che l'orbita terrestre si è spostata a causa di due enormi esplosioni. La narrazione dell'epoca fa leva sui sensi di colpa legati alle conseguenze dell'uso indiscriminato dell'atomica e ai suoi possibili effetti sul clima: causa estremamente condivisibile e ancor oggi attuale.

Anche se negli anni Sessanta non esisteva ancora il riscaldamento climatico globale neppure come ipotesi scientifica e i dati del tempo indicavano piuttosto un raffreddamento, questo film è stato estremamente avveniristico, uno spartiacque per il genere.

Un racconto che risulta oggi alquanto scomodo perché anche se in maniera del tutto teorica, pone un problema non da poco: gli effetti sull'orbita terrestre dei più di 2000 test atomici, esplosioni vere e proprie, realizzati ovunque sul nostro magnifico Pianeta Blu. Solo nel '61, anno di uscita della pellicola, sono stati condotti 71 test nucleari: 57 di questi Sovietici. Una teoria che non interessa minimamente le nuove generazioni, i giornalisti di oggi o gli scienziati, nonostante l'orbita sia una regolatrice del nostro clima molto più influente di un gas serra come la CO_2.

Infatti oltre al medio successo al botteghino di questo film, non sono mai stati realizzati né un seguito, né un remake. Il perché sembra abbastanza ovvio: la responsabilità non può essere dei governi, delle decisioni politiche o della guerra. Sotto la lente del dubbio ci sono il popolo e le classi sociali meno abbienti. Quelle che invece furono polverizzate dalle due uniche bombe nucleari sganciate sui civili della storia moderna: a Hiroshima e Nagasaki, dall'esercito Americano.

I ricchi si salveranno costruendo bunker sotterranei; i ricchissimi finanziando guerre che non combatteranno mai.

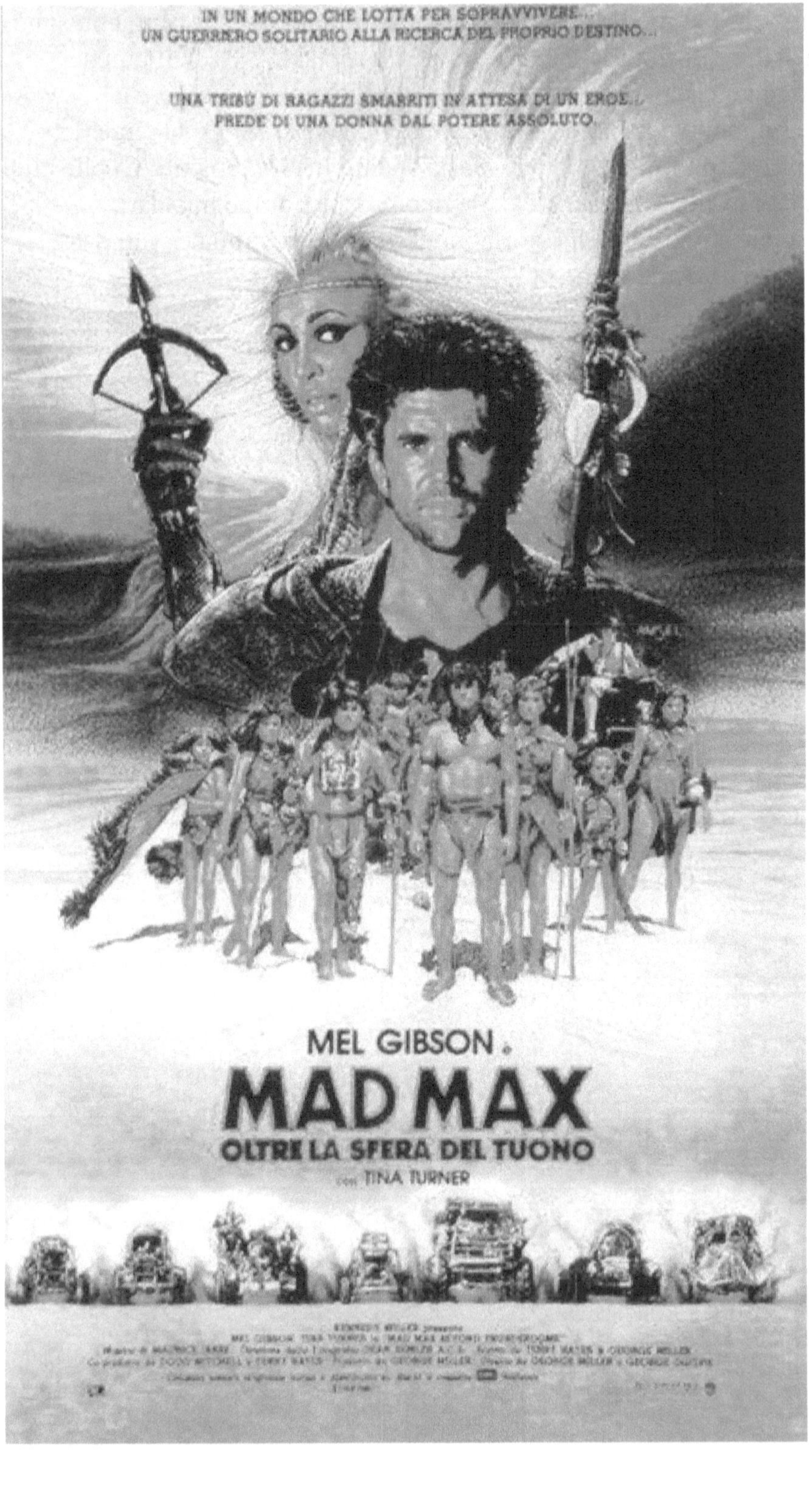
IN UN MONDO CHE LOTTA PER SOPRAVVIVERE...
UN GUERRIERO SOLITARIO ALLA RICERCA DEL PROPRIO DESTINO...
UNA TRIBÙ DI RAGAZZI SMARRITI IN ATTESA DI UN EROE...
PREDE DI UNA DONNA DAL POTERE ASSOLUTO.
MEL GIBSON
MAD MAX
OLTRE LA SFERA DEL TUONO
con TINA TURNER

Mad Max - Interceptor

Uscì nel 1979 e fu uno dei film più popolari e amati dalla lobby del petrolio. Servì perfettamente, guarda caso, a creare e rafforzare la falsa idea della scarsità del greggio e generò nella realtà un aumento dei prezzi ed un maggiore controllo sulla produzione. Nonostante molti ambientalisti lo trasformarono nel loro cavallo di battaglia, fu in realtà un cavallo di Troia della strategia industriale *green*, che in quel periodo iniziò a comprendere l'enorme minaccia, ma anche opportunità, del cambio di paradigma legato all'arrivo sul mercato delle supposte energie rinnovabili.

Una prima e sperimentale opera di *Greenwashing* al contrario.

Wikipedia, che può solo fare eco all'ortodossia ideologica, lo definisce così:

«*In un'Australia distopica di un futuro non troppo lontano, le riserve di energia incominciano a scarseggiare.*»

Secondo quella teoria, da quel momento in poi, la quantità di greggio estratto raggiunse il suo massimo ed era destinata a diminuire progressivamente. Mentre nella realtà si scoprirono continuamente nuovi giacimenti.

Il « picco del petrolio » teorizzato da Hubbert nel '56, ripreso nel film e preannunciato in seguito svariate volte, deve ancora essere raggiunto: oggi nel 2026 la produzione annuale continua a salire inarrestabile. Venezuela, Arabia Saudita e Norvegia siedono letteralmente sopra a «un mare di petrolio». Ma Max Rockatasky (Mel Gibson) e il suo clan lottano, sul set, fino l'ultima goccia di greggio. La pellicola è servita a diffondere l'idea che senza «oro nero» avremmo avuto caos e una pericolosa anarchia dove per sopravvivere bisognava armarsi, più e meglio di chiunque altro.

Giustificando così sia la guerra per averne accesso, che l'aumento del suo valore; il tutto in un contesto scenografico di deserto, di caldo, di surriscaldamento e di siccità, perfetto per l'ordine di pensiero nascente di surriscaldamento terrestre.

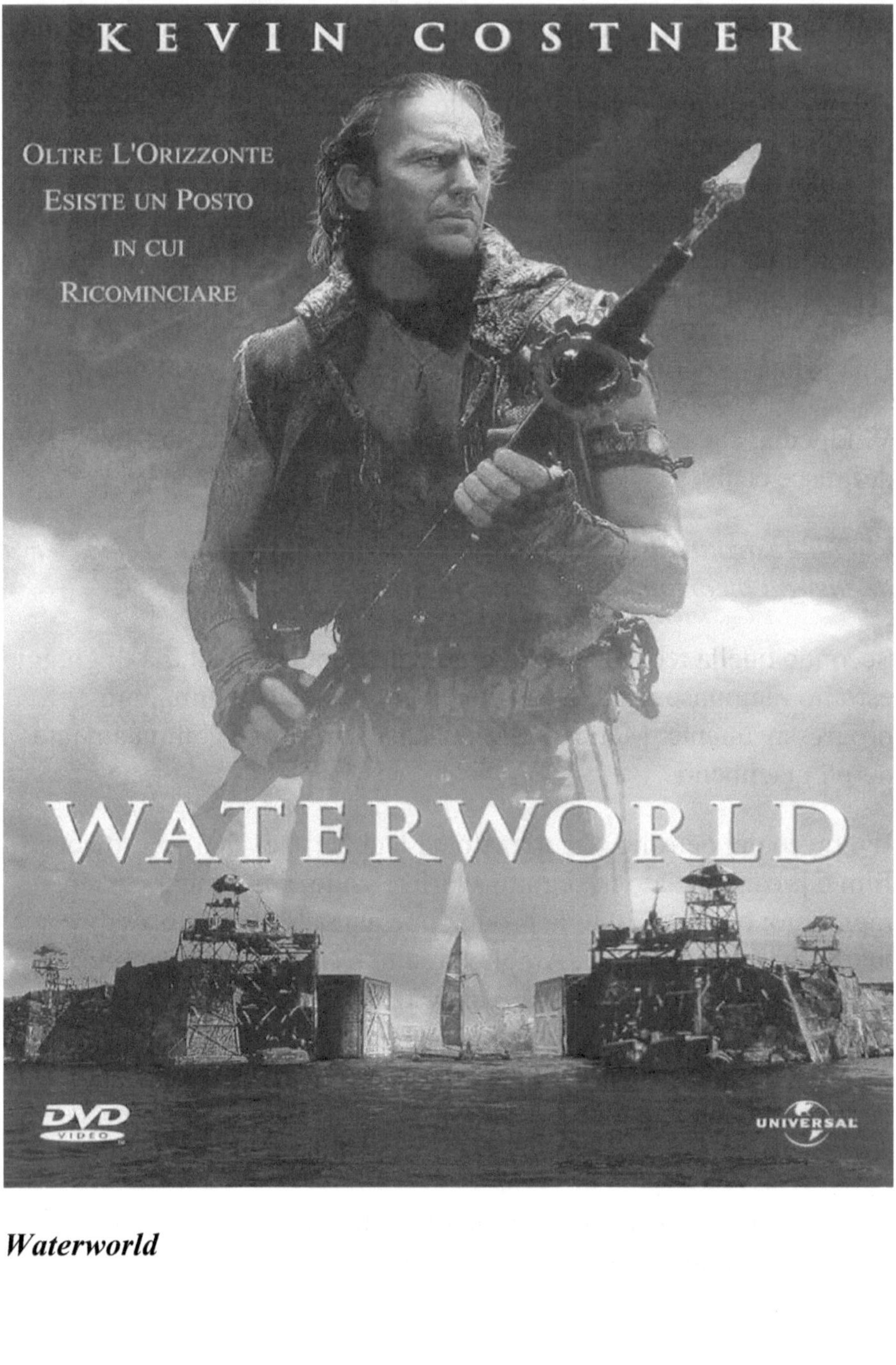

Waterworld

Del 1995. Il film capostipite *hollywoodista* per eccellenza della creazione di un'altra grande leggenda metropolitana: l'ennesima catastrofe annunciata e mai avvenuta, quella dell'innalzamento dei mari. Questa narrazione nasce tra gli anni Ottanta e Novanta e la macchina di persuasione statunitense non poteva non cavalcarne l'onda: gli oceani si alzeranno, i ghiacci si scioglieranno, intere città saranno distrutte e moriremo tutti sommersi dalle acque. Un cocktail di paura e allarmismo micidiale. La trama del film:

«Nel 2468 la Terra si presenta molto diversa da com'è attualmente: la fusione dei ghiacciai provocata dall'aumento della temperatura ha determinato un drammatico innalzamento dei mari. In conseguenza, il pianeta è stato completamente sommerso dalle acque e i pochi umani superstiti sono costretti a vivere su piccole città galleggianti....»

Mentre il film propone scenari apocalittici di innalzamento dei mari, nella realtà le variazioni osservate sono di pochi centimetri e seguono cicli naturali complessi. Ciò che possiamo notare, ad esempio, è che le Maldive sono ancora sopra al livello del mare e in alcune casi si è verificato l'esatto contrario: se non mi credi cerca atolli in crescita. Sono infatti centinaia le isole nell'oceano Indiano e nel Pacifico che crescono di dimensioni, come dimostra il confronto con le foto satellitari storiche.

L'ingegneria del consenso sostiene che crescano nonostante l'innalzamento dei mari; la mente lucida e non ubriacata dai finanziamenti e dalla sete di successo, può legittimamente pensare che crescono perché i fattori sono molteplici e i mari seguono cicli complessi, certamente non regolati dai ghiacciai alpini, o dagli iceberg che si sciolgono dall'altra parte del pianeta.

The day after tomorrow

Anno 2004. È il primo film a proporre l'ipotesi che diverrà poi dominante, cioè che il clima sta cambiando e non è una cosa buona, globalmente conosciuta come cambiamento climatico. Mescolando, come nel gioco delle tre carte, le tesi catastrofiste precedenti, mai avverate: l'arrivo di un'era glaciale, di un periodo estremamente caldo. Nel film infatti è proprio il *Global Warming* a causare una nuova era glaciale. Una distonia, una contraddizione in sè, ma perfettamente orchestrata e funzionale alla narrazione dominante odierna:

«D*urante una campagna di ricerche sulla composizione degli strati di ghiaccio antartici, in stretta relazione con l'osservazione dei cambiamenti climatici, il paleoclimatologo Jack Hall, assieme ai suoi colleghi Frank Harris e Jason Evans, assiste al distacco di una porzione di banchisa dall'Antartide, pari alla superficie del Rhode Island. Alla conferenza delle Nazioni Unite sul surriscaldamento globale tenutasi a Nuova Delhi in India, esponendo i suoi dati, illustra le imminenti condizioni e ritiene che esse rendano possibile l'avvento di una glaciazione, anche se non sa quando potrebbe avvenire. La sua teoria prevede che a causa del riscaldamento globale, i ghiacci polari si stanno sciogliendo riversando sull'oceano strati superficiali di acqua dolce e fredda in grado di influenzare la direzione delle correnti oceaniche, indispensabili per la regolazione del clima, ed essendo un paleoclimatologo, elabora un modello sul cambiamento climatico avvenuto nel passato e che aveva portato all'ultima glaciazione. Presentando la relazione dei suoi studi, si scontra però con il vicepresidente degli Stati Uniti, che non crede a queste previsioni catastrofiche, affermando che* *l'economia non è abbastanza florida per indirizzare la politica di governo sul cambiamento climatico..»*

Nel film abbiamo un chiaro esempio dell'utilizzo della fallacia dello spaventapasseri, che distorce e semplifica eccessivamente la posizione dell'avversario per renderla facile da attaccare e confutare. Si gioca anche con una ricostruzione fedele alla narrativa, che vuole spaventare con l'avverarsi della profezia.

La storia chiaramente ne approfitta per dar forza alle posizioni odierne in tema di negazionismo dei cambiamenti climatici, nel film stesso questo aspetto esiste e serve a screditare chi non si allinea con la teoria dominante. La trama ha lo scopo evidente di rendere la realtà più sensazionale, come avviene quotidianamente in Tg e giornali quando ogni evento meteorologico diventa una prova definitiva del disastro imminente. Una strada che frana, un sottopasso che si allaga o qualche vettura danneggiata da una grandinata diventano un evento mediatico nazionale di una gravità senza precedenti. Un tombino ostruito dalle foglie che fa allagare un parcheggio, un argine privo di manutenzione che cede durante una piena o una settimana di caldo in estate, se enfatizzati e presentati con le dovute accortezze di inquadrature e commenti, possono trasformarsi nella notizia *catastro-climatica* del giorno.

Una scomoda verità

Anno 2006. Rappresentò un precedente unico nella storia moderna, in cui non si riuscì a capire all'epoca e neppure oggi se fosse il "documentario" a trasformarsi in "film" o il contrario. Già il fatto che nel titolo fu scelto di inserire la parola «verità» dovrebbe costringere tutti a usare molta prudenza nel considerare quantomeno verosimile quanto veniva raccontato da Al Gore. In Inghilterra la sua proiezione nelle scuole fu oggetto di una denuncia e di una conseguente sentenza: «in seguito a un ricorso presentato nel Regno Unito contro la proiezione del documentario nelle scuole statali, un giudice dell'Alta Corte Inglese stabilì che il film An Inconvenient Truth era accurato, ma in un contesto di allarmismo ed esagerazione. Inoltre, per la presenza di accuse di immobilismo nei confronti dell'amministrazione Bush, non era solo un documento scientifico, era un film politico.»

Il giudice decise comunque che il film poteva essere proiettato nelle scuole, a condizione di essere accompagnato da note di orientamento per gli insegnanti. In sede processuale furono anche evidenziate delle incongruenze scientifiche e rilevati nove principali errori commessi nel giungere ad alcune conclusioni. Ad esempio, Gore discusse la possibilità di un innalzamento dei mari di circa 6 metri causato sia dallo scioglimento dei ghiacciai dell'Antartide Occidentale sia della Groenlandia. Anche se nel contesto non fece esplicitamente riferimento a un prossimo futuro, il giudice sottolineò che per raggiungere la quota di innalzamento citata sarebbero stati necessari diversi millenni: secondo quanto riportato dal rapporto dell'I.P.C.C. del 2007, nei successivi 100 anni i due ghiacciai citati poterono apportare un innalzamento di 6 centimetri del livello dei mari, non 6 metri.

Le previsioni apocalittiche e l'allarmismo come metodo di comunicazione sono estremamente controproducenti e rischiano di far perdere ogni credibilità a chi lo utilizza.

Lanciare un messaggio del genere, che parte da una teoria estrapolata da un grafico preannunciando l'*Armageddon* climatico e dando ogni colpa all'uomo (fosse anche in buona fede) per aver la minima efficacia, deve per forza basarsi sul principio di precauzione. Inoltre si doveva essere senza alcun conflitto di interessi o ambizione di potere, cosa che non parve il caso di Al Gore, candidato alle presidenziali del 2000, che lo videro, tra l'altro, perdente.

Il 10 dicembre del 2007, alla conferenza per l'assegnazione del premio Nobel, annunciò lo scioglimento totale del Polo Nord e disse:

«L'Artico sarà libero dai ghiacci entro il 2014».

Nel 2024, nel suo minimo annuale, l'Artico aveva il 26% in più di ghiaccio marino rispetto al 2012.

Dall'uscita del suo docu-film, per l'ex candidato alla Casa Bianca, l'unica cosa che sembra essere aumentata in maniera certa non è la temperatura terrestre, ma piuttosto il suo conto in banca.

Il precedente creato da questo film travestito da documentario ha di fatto aperto il recinto *Holliwoodiano* alla produzione di una quantità crescente di film di fantascienza, o meglio finta-scienza, basati su scenari apocalittici. Una deriva che è poi sfociata nel delirio odierno di **dover controllare il clima, sintomo evidente di una società, la nostra, che è ossessionata dal controllo**. Siamo governati, credo, da una élite perseguitata dalla semplice constatazione che la perdita di potere è direttamente proporzionale alla diffusione di conoscenza. Il capitalismo del controllo è oggi un metodo di governo, una ideologia ed una pseudo-scienza allo stesso tempo. Si deve controllare il clima come l'economia, fissando percentuali, soglie, numeri e grafici. Di fatto deve essere regolamentato.

Gli altri Dei dell'olimpo climatico

This Changes Everything del 2015, *Punto di non Ritorno* del 2016, *Geostorm* del 2017, 2040 *Salviamo il Pianeta* del 2020 sono solo alcuni dei film usciti negli ultimi anni, e la produzione aumenta in maniera costante, come appunto in un grafico a mazza da Hockey (cit. Al Gore). Non perché il clima stia davvero precipitando verso l'apocalisse, ma perché la paura è diventata un format. Funziona. Vende. Legittima decisioni politiche, sposta miliardi, crea nuovi mercati, distrugge quelli vecchi.

Hollywood non racconta storie al mondo: lo prepara. Addestra lo spettatore a reagire emotivamente prima ancora che razionalmente, a riconoscere come nemico una narrazione prima ancora di comprenderla.

Un documentario uscito nel 2020 intitolato *La campagna contro il clima*, è presentato dagli autori così:

«GenerAzione Clima è la nostra campagna contro la crisi climatica. È urgente moltiplicare in modo esponenziale l'azione per assicurare che l'obiettivo di limitare il riscaldamento globale a 1,5°C, fissato dall'accordo di Parigi, venga conseguito, per lasciare alle generazioni future un Pianeta vivibile.»

Sarei molto curioso di capire come faranno a limitare il riscaldamento globale a 1,5 gradi.

Pensano veramente che la CO_2 sia il termostato del pianeta? Cioè, secondo queste persone, gli studi che sostengono, i loro scienziati e i "pollitici" che li appoggiano, se domani smettiamo di utilizzare l'auto termica, il carbone e le caldaie a gas, il clima mondiale farà il bravo bambino e il *calentamiento global* si fermerà obbediente?

Un'idea semplicistica, infantile, che ignora completamente la complessità dei sistemi climatici, geologici, oceanici e astronomici che regolano il nostro pianeta. Un delirio di onnipotenza che ritrae l'uomo come naturale domatore della natura.

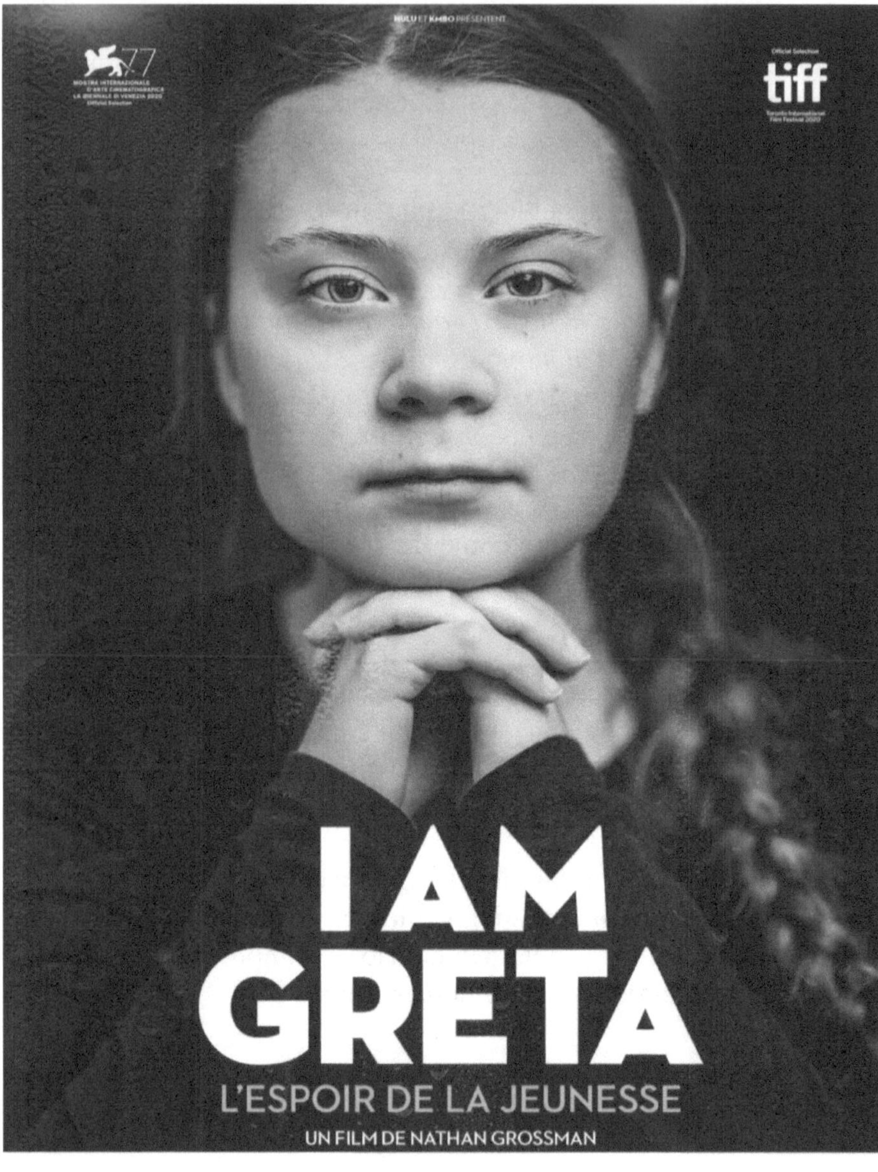

I am Greta - una forza della Natura

Sempre nel 2020 uscì anche questo capolavoro. Non è uno scherzo e non ti sto prendendo in giro: c'era sua madre, quella vera, nel ruolo di sua madre; suo padre, quello vero, nel ruolo di suo padre; Antonio Guterres segretario delle Nazioni Unite nel ruolo di Segretario delle

Nazioni Unite e Arnold Schwarzenegger, nel ruolo di Terminator...no, sto scherzando: nel ruolo di Arnold Schwarzenegger.

Quando si tratta di chiamare in causa l'apparato mediatico trasversalmente internazionale, i fondi sono illimitati, le barriere ideologiche scompaiono, gli incarichi perdono il loro valore e persino l'età anagrafica smette di essere un limite giuridico o etico. Tutto è lecito, purché serva a supportare l'impalcatura comunicativa.

Il cinema da fine del mondo non serve a spiegare fenomeni complessi, ma a semplificarli fino a renderli digeribili, come una pillola amara ricoperta di zucchero narrativo. Poco importa se le previsioni non si avverano, se i modelli cambiano ogni dieci anni, se i cataclismi promessi vengono costantemente rimandati. Ciò che conta non è l'accuratezza, ma la continuità del messaggio. La paura non deve mai risolversi, deve solo essere aggiornata.

Come disse Nicolas Sarkozy in una famosa intervista di qualche tempo fa:

«...la realtà non ha nessuna importanza, quello che conta è la percezione della realtà.»

Ed è esattamente su questo principio che si fonda l'intera costruzione della retorica contemporanea. Non sulla verifica empirica, non sulla prudenza scientifica, ma sulla gestione della percezione collettiva. La ripetizione ossessiva di immagini tragiche, di grafici deformati, di slogan emotivi, di bambini usati come megafoni morali, serve ad un solo scopo: normalizzare l'idea dell'emergenza permanente. Perché uno stato di crisi giustifica qualsiasi decisione, qualsiasi restrizione, qualsiasi sospensione del dibattito democratico.

Il mito è una tecnologia sociale antica che trasforma eventi casuali in destino e l'uomo da cittadino a credente. È una sorta di antidolorifico mentale, un anestetico della percezione.

Non devi faticare a pensare, qualcuno lo farà per te. Non sei obbligato a prenderti la responsabilità delle tue decisioni puoi deresponsabilizzare; evita qualsiasi dubbio e lascia decidere ad altri cos'è meglio per te.

Il rituale non è fatto per cercare le cause, ma per assegnare la colpa. Va riconosciuto e smontato con lucidità, come un bisogno umano: quello dell'illusione del controllo.

Raffreddamento Globale

«Grazie all'incremento di CO_2 in atmosfera, possiamo sperare in epoche con climi più uniformi e migliori, specialmente per le regioni più fredde quando la terra fornirà più grano di ora, per il bene e il rapido sviluppo dell'umanità.»

Svante Arrenius 1908

La Grande Guerra era finita, i paesi coinvolti stavano lentamente ricostruendosi e risorgendo dalle proprie macerie. Eravamo a fine anni Cinquanta, inizio anni Sessanta, il clima di tensione si cominciava a raffreddare e, in verità, anche il meteo sembrava seguirlo. Nacque negli Stati Uniti, per poi diffondersi in tutta la società occidentale di allora, la teoria del **Raffreddamento Globale**. I media più letti dell'epoca profetizzavano l'arrivo di un periodo molto freddo per il nostro pianeta. Chi parlava di una nuova era glaciale e chi di una micro era glaciale alle porte. La comunità scientifica, come si direbbe oggi, convergeva sulla previsione più diffusa: di lì a poco, sarebbe arrivato il Grande Freddo. Rappresentato perfettamente nella *copertina del Time del 1972*.

Era un dato di fatto: clima e meteo come si direbbe oggi erano corroborati dai dati ufficiali. Dal 1945 fino al 1975 il nostro pianeta si raffreddò, proprio così, si raffreddó! Un trentennio in cui moltissimi scienziati, "non tutti per fortuna", erano d'accordo con la macchina mediatica. Inverni rigidi ed estati molto fresche rafforzavano la narrazione del tempo: nel 1954 in Montana (USA) si registrò la temperatura più bassa, con meno 57 gradi. Dall'altra parte dell'oceano, nel 1963 i termometri scesero tanto da avere l'inverno più rigido della storia moderna in Italia e di alcune zone europee. Temperature polari furono registrate nel 1963 anche in Inghilterra, con la stagione più fredda dal 1740; in altre zone, come la Germania e la Spagna, il freddo colpì ad ondate, la prima delle quali si verificò a Natale 1962 per poi continuare fino a fine anni Sessanta.

E proprio con i primi satelliti meteo, oltre all'estensione dei ghiacci nell'Artico, si riuscì per la prima volta a monitorare l'aumento del manto nevoso in tutto l'Emisfero Nord. L'inverno più freddo dal secondo dopoguerra fu quello tra il 1962 e il 1963: iniziò a dicembre, proseguì con una singolare successione di espansioni dell'alta pressione siberiana verso l'Europa, alternato a fasi atlantiche più temperate, fino al mese di marzo, che fu in ogni caso rigido.

Il freddo non risparmiò nessuna zona del continente: in Svizzera si arrivò a -41 gradi, la Francia toccò punte da -20° in molte città. Vanno annoverati sicuramente febbraio 1965, molto freddo in tutta Italia, ma celebre sopratutto per la nevicata tra le più abbondanti del secolo nella capitale, con 40 cm di neve; freddi anche i mesi di gennaio 1966 con record assoluti a Bologna -18.8°e Catania -5.0°e gennaio 1968 con Potenza che registrò ben -12.2°.

Così come il Time dell'epoca, che allora come oggi dettava l'agenda alle agenzie di stampa occidentali, decine di articoli simili, alcuni con previsioni ancora più terribili, apparvero in questo periodo in pubblicazioni come Science Digest , The Los Angeles Times, Fortune, New York Magazine, The Christian Science Monitor, Popular Science e National Geographic.

Tutto ciò si rifletté chiaramente anche nei media europei, sia in TV che nei giornali e nelle riviste specializzate.
La Terra si stava preparando all'arrivo di un'era glaciale.

L'industria della previsione

Il grafico ben incorniciato, in mano a un mostro in fase di congelamento, rappresenta nel migliore dei modi l'archetipo dell'epoca in grado di spaventare i lettori. Cercando conferme mediatiche nella statistica e nella previsione, partendo dai dati reali, i *mass media* occidentali preparavano il cambio di paradigma economico. Stavano infatti introducendo la creazione della domanda su vasta scala: nasceva il consumismo per come lo conosciamo oggi. Una sorta di c*ollage* di tecniche di distribuzione di incentivi e premi, attraverso pubblicazioni scientifiche, finanziamento alla ricerca e previsioni, confondeva scientemente la statistica con la scienza.

Se negli ultimi trent'anni il clima si è raffreddato allora si raffredderà anche per i prossimi cento. Tutto o quasi, funzionale a tenere lontano il grande pubblico dal dibattito: loro sono la scienza e hanno l'unica verità. Fa freddo e sarà peggio in futuro, quindi preparatevi: il benessere collettivo dipende direttamente dall'aumento dei consumi.

Consumare diveniva un dovere.

Lo *Spaventapasseri Sociale* serve come cane da guardia del potere per tenere lontano il cittadino dal campo in cui viene giocata la partita e vengono prese le decisioni. Come scritto nel capitolo precedente può essere sia un personaggio pubblico che un'ideologia, nel caso specifico è una teoria: l'era glaciale è in arrivo e voi consumatori siete in grave pericolo, a meno che non acquistiate esattamente quello che vi diciamo.

La paura non è un errore del sistema: è il metodo.

Quella degli anni Cinquanta e Sessanta è un'epoca lontana difficile anche solo da immaginare per noi oggi: televisione agli albori e solo per pochi, radio e proiezioni esclusive accessibili spesso solo in pubblico; i primi satelliti lanciati in orbita dai Sovietici terrorizzavano gli USA e davano inizio alla seconda fase della guerra fredda (chissà se presero spunto dai risultati ottenuti con lo *Sputnik*, per usarli nelle previsioni climatiche?). Una situazione di crescita artificiale dovuta all'enorme distruzione di quasi tutta l'Europa con milioni di morti da piangere e milioni di vivi da nutrire, che offriva opportunità economiche e sociali senza precedenti. In un'epoca in cui spreco, alienazione e creazione dei desideri non facevano assolutamente parte della società, il consumismo venne imposto con la paura.

La percezione creata artificialmente dalla narrazione, vista con occhi moderni, non ci parla di crollo di temperature, ma di come si potesse fabbricare il futuro per controllare e spaventare il presente. Non ci raccontava il clima, ma la psicologia della previsione.

Torniamo per un attimo al *Big Freeze* (il mostro del freddo). Come detto, vi era un fondo di verità in tutto ciò: in effetti *le refroidissement global* di quei tempi è confermato anche dalle più recenti analisi del clima passato. Oggi si ipotizza che una delle cause probabili possa essere stato un brusco calo dell'attività solare, dicono alcuni esperti climatologi odierni.

Un'altra teoria possibile è quella dell'oscuramento globale, cioè del calo evidente dell'irraggiamento solare in tutto il pianeta già in atto in quegli anni e dovuto all'inquinamento delle cosiddette polveri sottili.

Vi consiglio di cercare la pagina di Wikipedia: oscuramento globale. Fatto sta che oggi si cerca una scusa, una giustificazione possibile per un evento che viene considerato impossibile: il clima si stava raffreddando. Quando le cose non vanno come vorrebbe la versione ufficiale il ruolo dei media è di limitare i danni cercando di convincere il popolo, col senno di poi, che questi eventi siano comunque sempre spiegabili.« *La storia è opaca; è più facile costruire una narrazione dopo i fatti che prevederli prima che accadano.»*

Nassim Nicholas Taleb

La realtà è che il clima segue cicli che non conosciamo e non comprendiamo appieno, dipendenti da molteplici fattori dei quali non abbiamo idea e che non possiamo in nessun modo controllare. Come si dice in francese: *il faut appeler un chat un chat.* Bisogna chiamare il gatto, gatto.

Grafici su misura

Vale la pena trarre qualche insegnamento da quel periodo e da quei grafici catastrofici mai avveratisi: la prima conclusione è che forse tra meteo e clima è meglio non fare troppe correlazioni sopratutto nel breve periodo, visto che poi non vi è stata nessuna era glaciale. Così come avere studi e fonti anche autorevoli non significa attendibilità o veridicità, ma prudenza e scetticismo devono essere l'unica chiave di lettura.

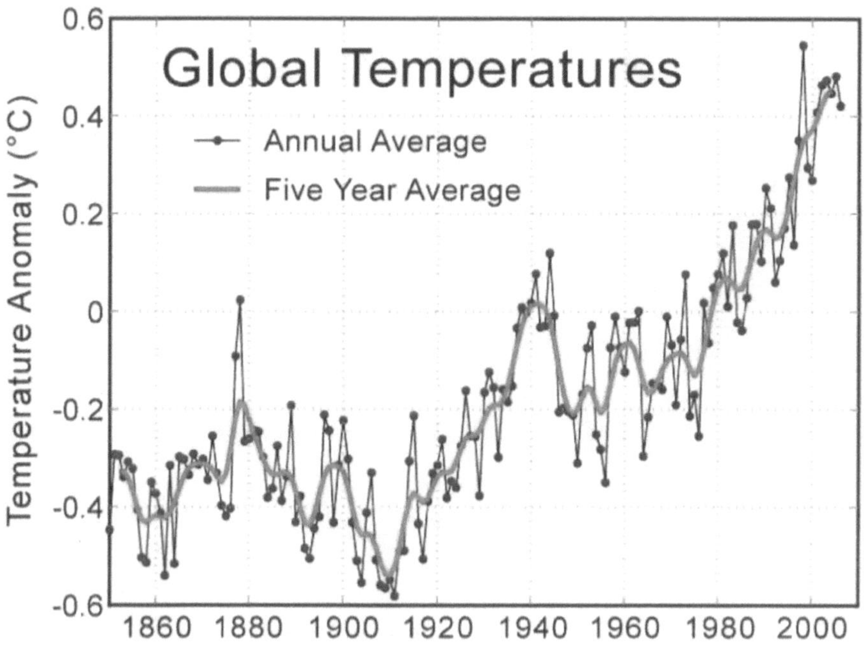

Anche perché «*De según como se mire, todo depende*» come nella vecchia canzone di Jarabe de Palo. «Da che punto guardi il mondo tutto dipende», diceva la versione italiana. Partiamo dai grafici, primo qui a sinistra, medie dal 1860 ad oggi, è chiaro a tutti: dal 1840, vi fu un periodo di stabilità, quasi raffreddamento, fino al 1910 quando le temperature hanno cominciato a salire, con un'altra piccola pausa di raffreddamento tra il 1940 e il 1975, circa. La narrazione dell'epoca considerava probabilmente la tendenza, a partire dal 1910 circa in aumento costante, interrotta proprio nel '40. Lo dico perché normalmente in climatologia moderna viene utilizzato lo storico dei trent'anni, come periodo di riferimento e *trend climatico* conseguente.

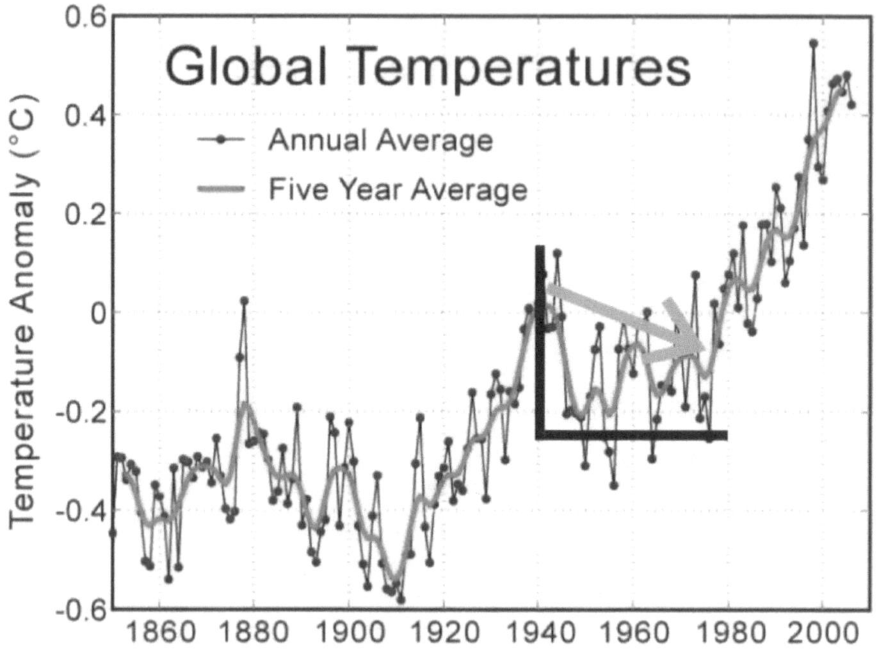

Basta osservare il secondo grafico sempre qui a sinistra, quello del solo periodo incluso tra le due linee nere, ed ecco che la freccina azzurra evidenzia chiaramente il raffreddamento, che è avvenuto realmente, nessuno lo mette in dubbio. Ma di certo non era un'informazione completa e unilaterale. Si stava facendo propaganda non più di guerra, ma climatica. Convertendo un evento climatico in un nemico.

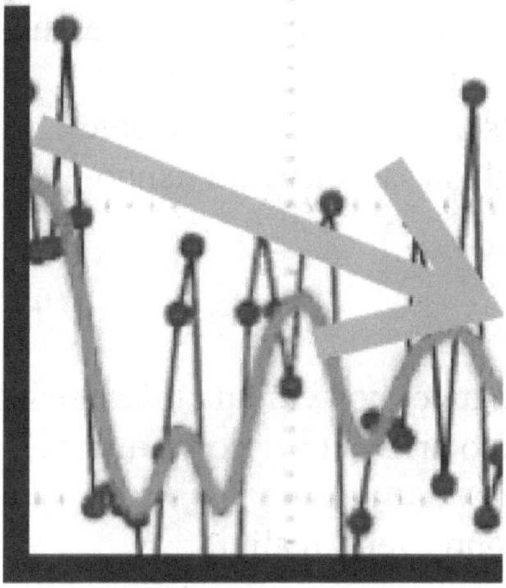

Riguardandolo oggi, con tutti i limiti del caso, gli scienziati dell'epoca avevano dalla loro parte le misurazioni, gli studi, la statistica. Mancavano però di completezza di informazione e di contesto, ma bastava prolungare la linea azzurra verso il basso e il crollo delle temperature diventavano realtà, giusto? Assolutamente no.E infatti la questione si ribaltò completamente.

Il grafico in mano al mostro Big Freeze, mette la scienza al servizio della propaganda.

La statistica come scienza predittiva, in questo caso, serve a creare scenari apocalittici funzionali alla manipolazione emotiva del lettore. Che il lettore sia un politico o un normale cittadino, lo scopo è lo stesso: terrorizzarlo, scioccarlo, destabilizzarlo e incanalarlo verso decisioni preconfezionate; metterlo di fronte a bivi creati da ricatti morali e scelte obbligate dove in gioco sembra esserci il futuro loro e di intere generazioni. Quando invece, molto prosaicamente, si tratta di strategie di mercato orchestrato da agenzie, spin doctor e influencer, come li chiameremo oggi, che utilizzano e utilizzavano qualsiasi tecnica pur di ottenere i risultati voluti.

Il grafico in prima pagina non è il futuro, è solo un modo elegante per farti obbedire.

Questo *storytelling*, questo racconto basato sulla paura e sulla creazione del nemico alle porte e invisibile, andò avanti per oltre un decennio. La meta-percezione preparava il grande pubblico a scenari di un pianeta sepolto sotto una spessa coltre di ghiaccio.

Ma la scienza della previsione o predizione, si scontrò clamorosamente con la realtà...e cioè, non successe assolutamente nulla.

Nessuna *ice age,* nessun e*nfriamiento climático* irreversibile, nessun collasso improvviso delle temperature, niente di niente. Anzi in verità il pianeta Terra continuò, o riprese, il suo lento e graduale riscaldamento, o almeno è quello che gli stessi scienziati hanno iniziato a raccontarci anni dopo.

Milanković non scherza

Il *climate cooling,* raffreddamento climatico, non era una *fake news*, ma una verità strumentalizzata e spettacolarizzata per convenienza e interessi.
Le Ere Glaciali, quelle in maiuscolo, sono eventi reali, rari, devastanti e strutturanti: hanno plasmato il pianeta in modo irreversibile e lo hanno consegnato alla storia così come lo conosciamo. Non sono mai state unicamente causate dalla concentrazione di anidride carbonica in atmosfera, ma da dinamiche molto più profonde e indipendenti dall'uomo.

Attribuire alla CO_2 il ruolo di regolatore climatico equivale a confondere la narrativa con la realtà: una comoda scorciatoia cognitiva. Il clima non obbedisce a modelli lineari, ma a meccanismi astronomici, complessi e non negoziabili, indifferenti alle ideologie.

Cerco di riassumere il più possibile di cosa sto parlando: l'orbita terrestre non è perfettamente circolare, ma ellittica, e l'eccentricità di questa ellisse varia nel tempo. Come se si allargasse fino ad un massimo e poi cominciasse a restringersi fino ad un minimo, variando di fatto la nostra distanza dal sole, così da sempre. Questo ciclo è detto appunto dell'***eccentricità*** con un periodo di 100.000 anni. Altri componenti di questo ciclo, variano dai 136.000 fino ai 413.000 anni.

Allo stesso modo il nostro pianeta ruota su sé stesso, su di un asse, che è non perfettamente perpendicolare al piano orbitale, ma inclinato di 23,44 gradi. Quest'asse è soggetto ad oscillazioni di 2,4 gradi di ampiezza. Le variazioni sono approsimativamente con un periodo di 40.000 anni. Questa inclinazione determina la differenza d'insolazione in base alla latitudine. Il ciclo è detto dell'inclinazione assiale o d'***obliquità***.

L'ultimo ciclo, che è quello più conosciuto, è provocato dalla variazione dell'asse di rotazione della Terra rispetto alle cosiddette stelle fisse. La terra compie un ciclo completo di precessione ogni 21.000 anni. Invertendo completamente la direzione dove punta l'asse stesso, oggi verso la stella polare e a fine ciclo, verso Vega. Questo viene detto di ***precessione***.

Ecco a voi i **cicli di Milankovich**:

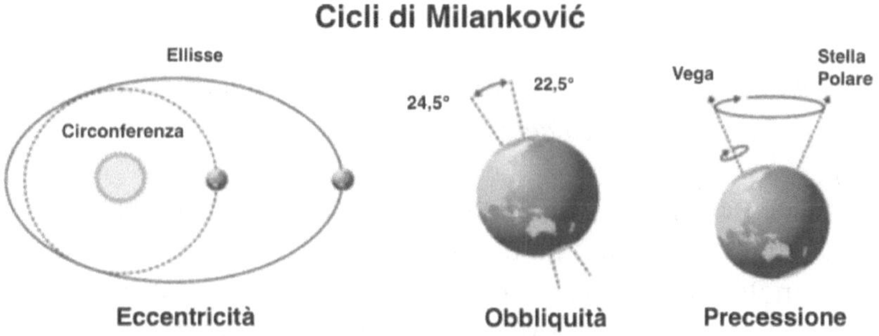

Questi meccanismi si intrecciano in una continua altalena di *edad de hielo* con poche pause, rare e brevi. Le glaciazioni non sono anomalie: sono lo stato naturale del pianeta.

Gli studi del matematico e climatologo serbo, contribuirono in maniera fondamentale alla nascita della climatologia moderna, ma anche a far capire la complessità delle dinamiche planetarie. Le era glaciali non dipendono in maniera diretta ed inequivocabile dai soli tre cicli suddetti, ma dalla sovrapposizione degli stessi e da altri fattori direttamente correlati. Come ad esempio dall'insolazione terrestre, i campi gravitazionali di Saturno e Giove, la radiazione solare, l'anno sidereo e persino dalla vicinanza del nostro pianeta alla fascia degli asteroidi.

Un dettaglio poco noto rende ancora più singolare il lavoro di Milutin Milanković. Gran parte delle sue teorie sui cicli climatici terrestri non furono elaborate in un moderno centro di ricerca, ma durante la Prima Guerra Mondiale, mentre era internato come prigioniero austro-ungarico. Privato della libertà, ma non del pensiero, trascorse anni a calcolare a mano l'effetto delle variazioni orbitali della Terra sul clima, armato solo di carta, matita e tempo. Ironia della storia: mentre il mondo si distruggeva nel caos più totale, lui dimostrava che i grandi cambiamenti climatici seguono ritmi lenti, regolari e astronomici, indifferenti alle crisi politiche. Nato nel 1879 e morto nel 1958, dedicò la vita a ricordarci che la Terra cambia, sì, ma secondo tempi e cause che sfuggono all'ansia del presente.

Come scrisse lui stesso:

«*I fenomeni climatici non obbediscono ai desideri dell'uomo, ma alle leggi eterne del moto celeste.*»

Mi dispiace per i più scettici e per i fanatici dell'ecologismo religioso, ma la CO_2 non ha nessun ruolo in tutto ciò. Anzi in verità, l'unica conclusione logica è che oscilli in maniera relativamente sincrona come effetto del raffreddamento o del riscaldamento climatico. Sinceramente, l'anidride carbonica sembra variare con i cambiamenti di temperatura, non il contrario. Questa è la conclusione più logica, che tra l'altro è accettata in ambito internazionale da molti climatologi e fisici dell'atmosfera del mondo intero.

Vi sono almeno dieci fattori che non possiamo controllare e che regolano il clima del pianeta: l'inclinazione dell'asse terrestre, l'eccentricità orbitale, l'oscillazione dell'asse di rotazione, la precessione degli equinozi, i cicli di attività solare, il coefficiente di albedo, l'attività vulcanica, la copertura nuvolosa, le correnti marine e i jet stream (correnti a getto).

L'undicesimo parametro, fuori elenco, ma sotto "controllo" degli interessi economici e politici: è la TV.

Possiamo discutere e abbracciare teorie diverse, ma ruotano tutte su questi fattori. Ho escluso volontariamente i gas serra, non perché siano ininfluenti, tutt'altro, ma essendo in conflitto di interessi con il tema centrale di questo libro, necessitano di una spiegazione a parte. Ripeto, non vuol dire che non abbiano una funzione importante, sono importantissimi, ma legati alla presenza dell'atmosfera stessa.

Tratteremo questo argomento più avanti nel libro.

Benvenuti nel Rincoglionitico Antropico

Ho raggiunto la conclusione che se vi è stato un inizio di questo insulso periodo, è proprio in quegli anni, forse con quella copertina del Time. L'unica Era glaciale, il maiuscolo è d'obbligo solo quando si tratta di un evento storicamente riconducibile alla realtà, è in questo caso l'Era creata mediaticamente dalla disinformazione di massa è quella del titolo del sottoparagrafo.

Quella che arriva dai grandi organi di propaganda, che anestetizza i cittadini creando una popolazione passiva e iper-controllata. Incapace di distinguere il vero dal falso, il plausibile dall'inverosimile.

«Il soggetto ideale di un regime totalitario non è il convinto nazista o comunista, ma l'uomo per cui la distinzione tra vero e falso non esiste più.»
scriveva in *Le origini del Totalitarismo*, Hannah Arendt.

Tutta questa follia mediatica è generata dall'uomo stesso, non è un disastro naturale, ma sociale, un sottoprodotto delle strategie industriali.

Un'era in cui l'uomo ha costruito il mondo nel quale è al contempo regista e vittima della propria confusione. Dove la realtà è filtrata, spettacolarizzata e ogni verità si trasforma in menzogna a seconda di chi detiene il microfono sul palcoscenico, il credito di carbonio o il marchio di tendenza. Abbiamo creato sistemi economici, sociali e mediatici così complessi che il buon senso è diventato un lusso e l'eco-ansia, la CO_2, la crisi climatica o la catastrofe diventano scuse per giustificare obbedienza, paura e impotenza. Un'umanità con valori invertiti, dove chi racconta la bugia più grande diventa ricco e chi spaventa di più , diviene un eroe.

Una nuova Era, il Rincoglionitico Antropico, dove la situazione comincia a scaldarsi e degenerare pericolosamente:

«Se non ti occupi di comprendere come funziona il tuo cervello, qualcun'altro lo farà per te.»

D.C.

Riscaldamento Globale

«L'inquinamento esiste, è dannoso, e chiama in causa l'operato dell'uomo.

Ma attribuire alla responsabilità umana il riscaldamento globale è un'enormità senza alcun fondamento:

puro inquinamento culturale.»

Antonio Zichichi

Die Klimaerwärmung in verità mass-mediaticamente stenta a decollare, non ha lo stesso appeal dell'era glaciale, non fa poi così paura, neppure scritto in tedesco, e non si riscontra chiaramente neanche a livello meteorologico. Il freddo spaventava tutti, il caldo invece no; anzi, evoca quasi una sorta di *comfort*, un certo benessere. Per questo necessita di un'ulteriore dose di spettacolarizzazione da parte di Hollywood, di sovvenzioni statali, di aiuti economici legati alla creazione di nuovi bisogni e dell'intervento della politica.

Nonostante molte pagine di testate online, organizzazioni non governative e riviste scientifiche ci dicano che si sapeva già da secoli, la verità è sotto gli occhi di tutti: dell'aumento delle temperature si è iniziato a parlare solo da metà anni Settanta.
Il motivo è semplice: il meteo e il clima delle epoche precedenti ci raccontano tutt'altra storia, che non corrisponde a quella del circo mediatico.
Il nostro pianeta passa da un'era glaciale all'altra. Non quelle dei grafici in mano al mostro della copertina del Time, ma quelle che hanno modificato la geografia, creato enormi erosioni e che si sono sviluppate non dall'oggi al domani, ma in decine di migliaia di anni.

Il clima terrestre vive prevalentemente in stato glaciale.
L'Olocene, in cui viviamo, dura da circa 11.000 anni e viene considerata una delle « pause più lunghe mai osservate ». Fondamentale capire che con eventi di questa portata e periodi così lunghi è impossibile avere certezze.

Il problema non è sbagliare le stime o le previsioni, è costruire politiche irreversibili su teorie fragili.

Brevissima nota: da adesso in avanti per evitare ripetizioni e rendere la lettura più fluida nel testo T°sta per temperatura. So che l'abbreviazione è usata soprattutto per appunti o in grafici, ma è la soluzione più elegante che ho trovato.

Dal IX al XIII, come tra il I e il IV secolo, la T°media era più alta di oggi. Libri, scritture e centinaia di pitture, ci descrivono inverni miti ed estati secche che permettevano coltivazioni oggi totalmente scomparse, di cui rimangono solo le tracce nei diari dalle famiglie grandi proprietarie terriere. Come la produzione di olio di oliva nel nord di Francia e Inghilterra e di grano in Groenlandia, non a caso ancora oggi in tedesco *Grüne Land*, significa terra verde. Nobili casate in Scozia e Bretagna, oltre ai loro raccolti, registravano le date delle migrazioni di uccelli, le nevicate e le tempeste, insieme ad ogni avvenimento meteorologico in maniera precisa e costante. Se vuoi approfondire l'argomento puoi cercare: O*ptimum Climatico Medioevale o Romano*.

Ghiacciai più piccoli e limite delle nevi perenni più alto, rendevano i passi alpini facilmente valicabili a piedi o ancor prima, con gli elefanti: come fece Annibale nel famoso passaggio delle Alpi, avvenuto nel 218a.c.. Tutta questa tipologia di dati così accurati, esiste praticamente solo per quel che riguarda pochissime zone del pianeta, quasi tutte in Europa, raramente in America del Nord. Il clima, qui da noi, era più caldo di oggi e probabilmente anche in tutto l'emisfero nord.

Ma in quel perido il livello di anidride carbonica era più alto? Più basso? La risposta è più basso, ma è vietato ammetterlo. Di conseguenza la versione ufficiale va in *Tilt*: da un lato è costretta ad ammettere che le temperature erano parecchio più alte, ma poi si trova davanti ad un bivio narrativo, che in qualsiasi caso, finisce con infrangere un dogma.

Primo scenario: CO_2 che da allora è aumentata, ma senza nessun intervento umano; quindi c'è correlazione con la temperatura, ma l'antropia (la responsabilità umana) crolla.

Secondo scenario: CO_2 che da allora non è aumentata (praticamente capovolgere la narrazione), quindi nessuna correlazione con l'aumento di temperatura e nessuna antropia.

Soluzione: far passare l'argomento dell'*Optimus Climatico*, in un dibattito pubblico, come una teoria del complotto.

Inquinare è un lusso che non ti potrai permettere

El Calentamiento Global, verso la fine degli anni Settanta ebbe un enorme successo soprattutto in certi ambienti vicini alla parte più sensibile della borghesia europea: la stessa classe sociale che in epoca coloniale ne traeva un innegabile vantaggio economico e oggi è piena di sensi di colpa per strascichi di sfruttamenti e genocidi. Quella classe media benestante e benpensante, insensibile a tutto tranne che ai propri interessi, sembra apprezzare molto le battaglie ambientaliste odierne, purché siano avvolte in scenari catastrofici. Sono pronti a dare l'esempio comprando un prodotto nuovo e tecnologicamente avanzato pur di salvare il pianeta. Un tempo compravano Ray-Ban e Levi's per sentirsi vicini al mito americano; oggi un'auto elettrica perché è *Green*, uno *status symbol* di cui vantarsi al bar con il proletariato e nel salottino buono con i propri amici.

Orgogliosi, dopo acquisto, narrano di catastrofi sventate all'ultimo minuto, disastri che mai li vedono coinvolti direttamente. Le potenziali vittime dell'apocalisse, non sono parte del ceto medio alto, che ha modo e mezzi per proteggersi economicamente e socialmente, ma i meno abbienti, sono loro a pagare il prezzo, anche quello *du réchauffement climatique*.

Ci hai fatto caso? Strana coincidenza, il pianeta si scalda ovunque, ma sono solo i poveri a dover migrare in massa minacciando l'ordine mondiale. Non vi sarà acqua a sufficienza, ma solo per gli strati marginali della popolazione. Non vi sarà cibo per tutti, ma solo di quello "BIO": per la plebe, carne sintetica e cibo spazzatura *à volonté*. L'auto contamina e crea il caos climatico, solo se non te la puoi permettere elettrica.

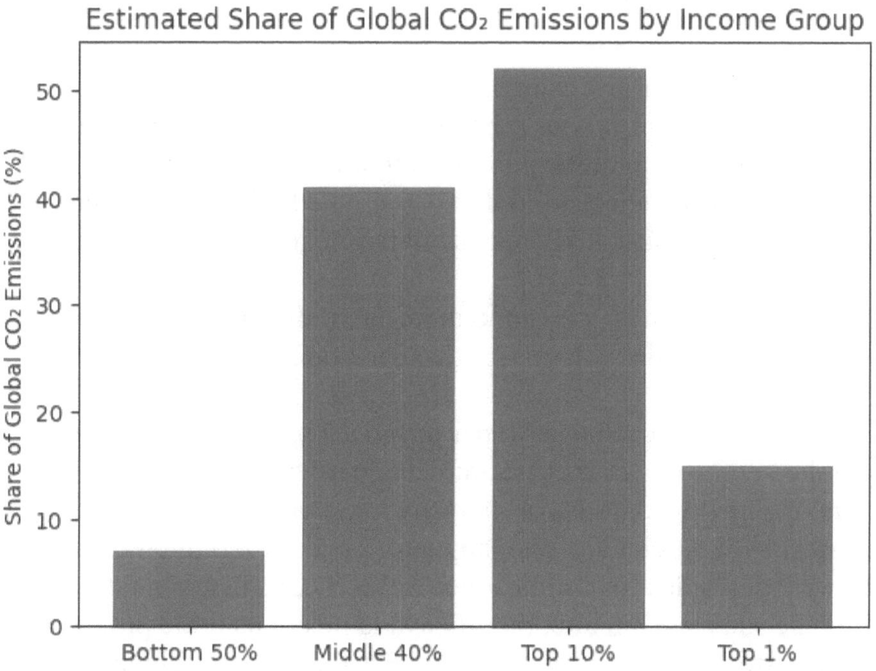

Nel grafico a lato vediamo che l'11% della popolazione mondiale inquina molto di più del restante 89%. Il solo Top 1% più ricco emette più del doppio di anidride carbonica del Bottom 50% più povero. E questa forbice non fa altro che aumentare.

Inquinare diventerà una cosa da ricchi, o meglio una prerogativa riservata ai ricchi. Uragani, siccità, alluvioni ed eventi estremi sembrano poter colpire tutti, ma danneggiano più una classe sociale che un'altra. Il ceto popolare viene poi "invitato", con obblighi di legge, a prepararsi ad un'eventuale seconda ondata, ad assicurarsi in maniera privata, perché lo Stato non può più prendersi carico di risarcire i danni di eventi estremi e imprevedibili.
Eventi che poi diventano previsibili quando servono a spaventarvi e a convincervi a comprare qualcosa. Una sorta di trasversalità salva i ricchi consumatori ovunque e condanna i poveri altrettanto ovunque nel mondo.
Un effetto collaterale del *Greewashing*, dell'ecologismo di facciata.

Il buco nell'ozono

Un vero cambio di percezione, un gradino evolutivo all'interno del *Rincoglionitico Antropico*, l'abbiamo con un'altro evento scatenante che ha forgiato l'opinione pubblica mondiale sulla questione del'effetto serra planetario : il famosissimo e famigerato «Buco nell'Ozono». Maiuscolo perché sembra più grande.

Sia chiaro che non sto cercando di negare nulla, ma faccio quel che piace tanto ai media odierni: spettacolarizzare la realtà.

È James Lovelock a scoprirlo per primo e a presentarlo al grande pubblico come una catastrofe ambientale senza precedenti. La storia, come in ogni racconto *hollywoodista*, narrava di un enorme buco creatosi nella fascia di ozono, appunto, per l'utilizzo di una sostanza da parte dell'industria chimica mondiale, che, risalendo in atmosfera fino alle sue zone più alte, modificava la nostra naturale protezione da un certo tipo di radiazione solare. Per fortuna uno scienziato, guardacaso britannico, si accorse di tutto ciò, del meccanismo causa effetto, della sua correlazione con l'utilizzo dei famosi C.F.C. e salvò l'umanità giusto un'attimo prima della catastrofe. L'eroe del caso avvertì un gruppo di scienziati che risiedovano nelle grandi organizzazioni sovranazionali, che decisero di vietare l'utilizzo di questi gas cattivi e scongiurarono uno scenario infernale fatto di occhi danneggiati per sempre e radiazioni mortali invisibili.

Le TV di tutto il mondo pubblicarono reportage dal Tibet che raccontavano di uomini diventano ciechi per colpa dell'anomalia di O_3, ricordi?.

Sembra la trama perfetta di un film di serie b da inserire nel capitolo: *la creazione del mito* , invece è la realtà di quegli anni.

La Teoria di Gaia

«*Abbiamo scambiato la comprensione della natura con l'illusione di poterla controllare.*» Scrisse James Lovelock.

JAMES
LOVELOCK
LA RIVOLTA
DI GAIA
Rizzoli osservatorio

Come dare torto a colui che il "buco" l'ha scoperto. Come detto nei capitoli precedenti, visto gli scenari ipotizzati e mai avverati, considerando che fonte non vuol dire verità e che la statistica viene usata a favore di vento dalla certa "scienza" per rafforzare la religione dell'emergenza e mettersi al servizio del potere. Sommando tutto questo all'innegabile capacità della chimica di all'ora, ed odierna, di fare danni incalcolabili a livello globale, diventa molto difficile capirci qualcosa.

Per farlo non ci resta che approfondire, informarci, raccogliere quanto più materiale possibile, prendendo le dovute distanze dal racconto mediatico e in altri momenti immergendoci al suo interno fino a non vedere altro che il buco nell'ozono, dal suo interno.

Vi consiglio, se vi interessa l'argomento, di leggere *La Rivolta di Gaia*. Un libro straordinario tanto quanto l'ipotesi portata avanti dall'autore, scomoda ed elegante al tempo stesso, cioè che il nostro pianeta riesca a regolare la propria temperatura in maniera autonoma: la Terra, nella sua teoria, è un sistema autoregolante intelligente, vive e ragiona come un organismo unico. La vita non subisce passivamente il clima, ma contribuisce a stabilizzarlo e la cosa veramente incredibile è che i dati raccolti tendono a confermare questa teoria. Ma, per completezza d'informazione, va detto che James Lovelock è un personaggio controverso, lavorò per anni alla Shell, una delle più grandi compagnie petrolifere americane e mondiali, collabora con la NASA nel programma Viking ed è anche al servizio del gigante petrolchimico DuPont, proprio dopo la sua scoperta riguardante i danni dei C.F.C. che il colosso francese produceva. Nessuna accusa e nessun complotto: è un promemoria di come funziona la ricerca, l'industria ed i conflitti d'interesse.

Il Buco nell'Ozono oggi

Considerando i fatti è certo che l'uomo o, meglio, le industrie chimiche mondiali hanno causato un numero inverosimile di danni a livello locale e globale, contaminando, avvelenando e inquinando:

nessuno lo nega. È anche altamente probabile che un gas come l'ozono funga da protezione contro un certo tipo di radiazione.

Ciò che però non viene quasi mai raccontato sull'O_3 è che anche lui, come tutti i gas in atmosfera è soggetto ad una ciclicità non strettamente ed esclusivamente connessa all'utilizzo di bombolette spray o ai refrigeranti industriali. Cicli che prima di quel periodo mai erano stati minimamente tracciati, così come prima di allora, nessuno si era mai interessato all'ozono. Non sto affermando che i C.F.C. non hanno alcuna interazione con l'O_3 in atmosfera, ma è difficile da dimostrare che da soli, questi gas messi in circolo dalle attività umane, siano in grado di cambiarne radicalmente lo strato. Vediamo in ultimo qualche grafico a questo proposito: col protocollo di Montreal del 1987 si vietano *de facto* l'utilizzo di Cloro Floro Carburi nell'industria, ottenendo il risultato che in soli tre anni il loro impiego crollò del 90%, per azzerarsi quasi completamente nel decennio successivo.

Quindi la domanda seguente dovrebbe essere: ad oggi il buco nell'ozono si è finalmente chiuso?

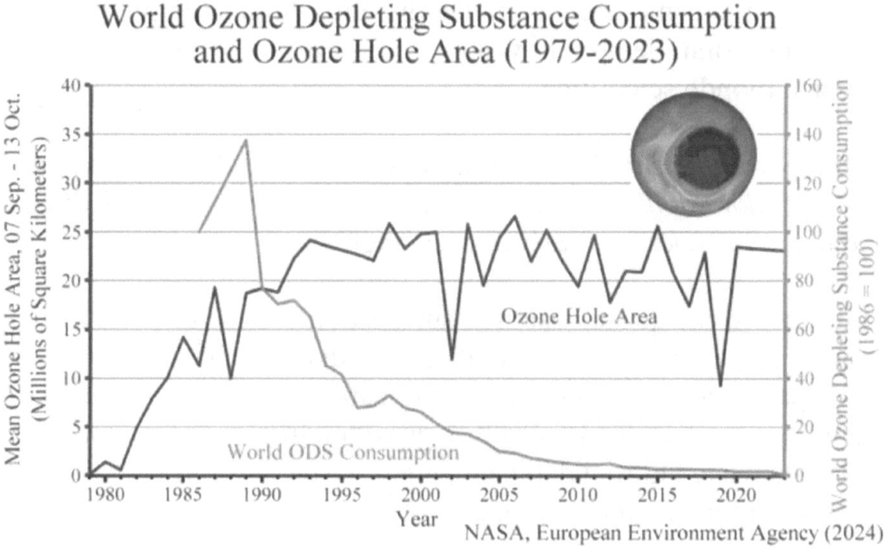

Il grafico sopra, dice di NO. La linea che parte da sinistra (Ozon Hole Area) è l'area in km^2 del buco nell'ozono, quell'altra (World ODS Consumption) sono le emissioni di sostanze vietate. Seguendo i dati disponibili, che non abbiamo riguardo i periodi precedenti il 1980, si può trarre la conclusione che l'assottigliamento dello strato di O_3 segua una sua ciclicità, che non sembra strettamente dipendente dalle emissioni umane di C.F.C..

Ripeto, nessuno nega la sua esistenza, ma risulta difficile vedere una netta correlazione, tantomeno una causa effetto chiara. Le emissioni di questi gas non risultano perfettamente sincrone al deficit di ozono, e gli anni che seguono rivelano picchi anomali difficilmente spiegabili.

Ma la cosa veramente curiosa, poco nota al grande pubblico, è che proprio il libro scritto da J. Lovelock, che gli è valso riconoscimenti internazionali e un asteroide a suo nome, teorizza che Gaia funzioni come un unico super-organismo. Un Pianeta vivente in grado di autoregolare la sua temperatura, essendo capace di stabilizzarsi climaticamente sempre di più nell'arco della sua vita. Come un qualsiasi organismo che maturando diviene adulto e sempre più in grado di gestirsi. Sempre Lovelock, fece un'altra dichiarazione che scosse il mondo scientifico:

«*Gli aspetti diretti della combustione sono i meno dannosi tra tutti quelli prodotti dall'uomo all'ecosistema planetario, perché il sistema può avere la capacità di adattarsi all'ingresso di questi gas.*»

È innegabile che questa visione risulta estremamente comoda alle grandi compagnie petrolifere dell'epoca e di oggi, che in questa tipologia di scenario potrebbero continuare ad inquinare bruciando grandi quantitativi di combustibili, quasi totalmente indisturbati. Il problema è che i grafici delle temperature e dei gas serra durante le ere glaciali mostrano un trend, cioè che i periodi di pausa e stabilità climatica hanno tendenza ad aumentare di durata, dando ragione a Lovelock.

Gaia sembra autoregolarsi veramente, come nel grafico qui in basso.

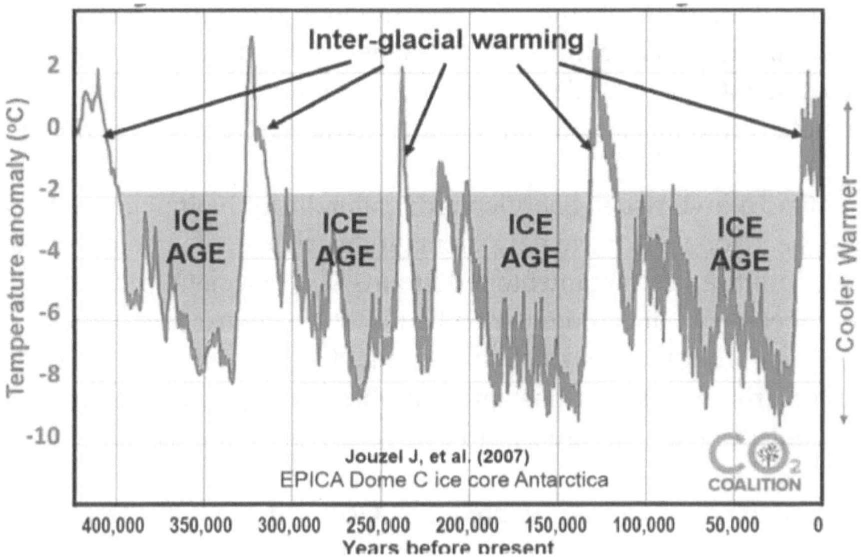

A lato vengono indicati, con le freccie, i periodi di riscaldamento interglaciali, tra le Ere Glaciali: che sembrano divenire più marcati e lunghi col passare del tempo. Altra cosa interessante riguardo all'ozono rimane il fatto che per un decennio si vietò l'utilizzo, giustamente, dei C.F.C., ma poi delle condizioni del buco non si è seppe più nulla; quasi come se il panico diffuso dalla stampa che ci voleva tutti ciechi e bruciati, si trasformò in qualcos'altro, qualcosa di più comodo da raccontare e più consono alla sua funzione terrorizzante: il riscaldamento globale.

Il punto centrale non è negare l'esistenza delle variazioni climatiche, né minimizzare l'impatto umano sull'ambiente, ma riconoscere che tra osservazione scientifica e costruzione narrativa si è inserito un filtro potente: quello dell'interesse economico, politico e ideologico. È in quello spazio che nascono le certezze assolute, le previsioni irreversibili, le emergenze permanenti.

La mazza da Hockey è un'arma

Il Buco nell'O_3 "anticipò" l'uscita del film *Una scomoda verità*, di fatto, volontariamente o meno preparandogli il terreno, facendo incassare ad Al Gore milioni e spostando miliardi di dollari di investimenti, da parte delle industrie petrolifere più potenti del pianeta, verso un settore completamente nuovo: la *Green Economy*.

Si iniziò a investire in energie verdi, pannelli fotovoltaici e pale eoliche. Cioè nella parte del sistema industriale ecologico di facciata, ma soprattutto estremamente redditizio. Sì, di facciata, perché semplicemente di ecologico non ha nulla: basta guardare come vengono prodotti questi sistemi e quanta CO_2 viene emessa per fabbricarli e istallarli. Spostanto il problema più avanti nel tempo e più lontano, ma i capitali subito e dove si hanno interessi.

Torniamo per un ultimo istante ad Al Gore e il suo famoso grafico a mazza da hockey. Non fu lui il primo a utilizzarlo per spaventare il pubblico, *Big Freeze* in copertina del Time 1972, lo aveva girato verso il basso per indicare un'era glaciale alle porte. Il candidato alla Casa Bianca lo capovolse verso l'alto, e voilà: il *Global Warming* è servito su un piatto di dollari. Stesse tecniche di deformazione mediatica, stesso teatro dell'apocalisse, stesse o quasi lobby coinvolte.

Abbiamo visto in precedenza come "ritagliarsi" un grafico su misura, il Grande Freddo ne aveva bisogno, adesso vediamo come crearne uno terrorizzante come quello di *An Inconvenient Truth*, titolo in inglese del docu-film dell'ex candidato alla Casa Bianca.

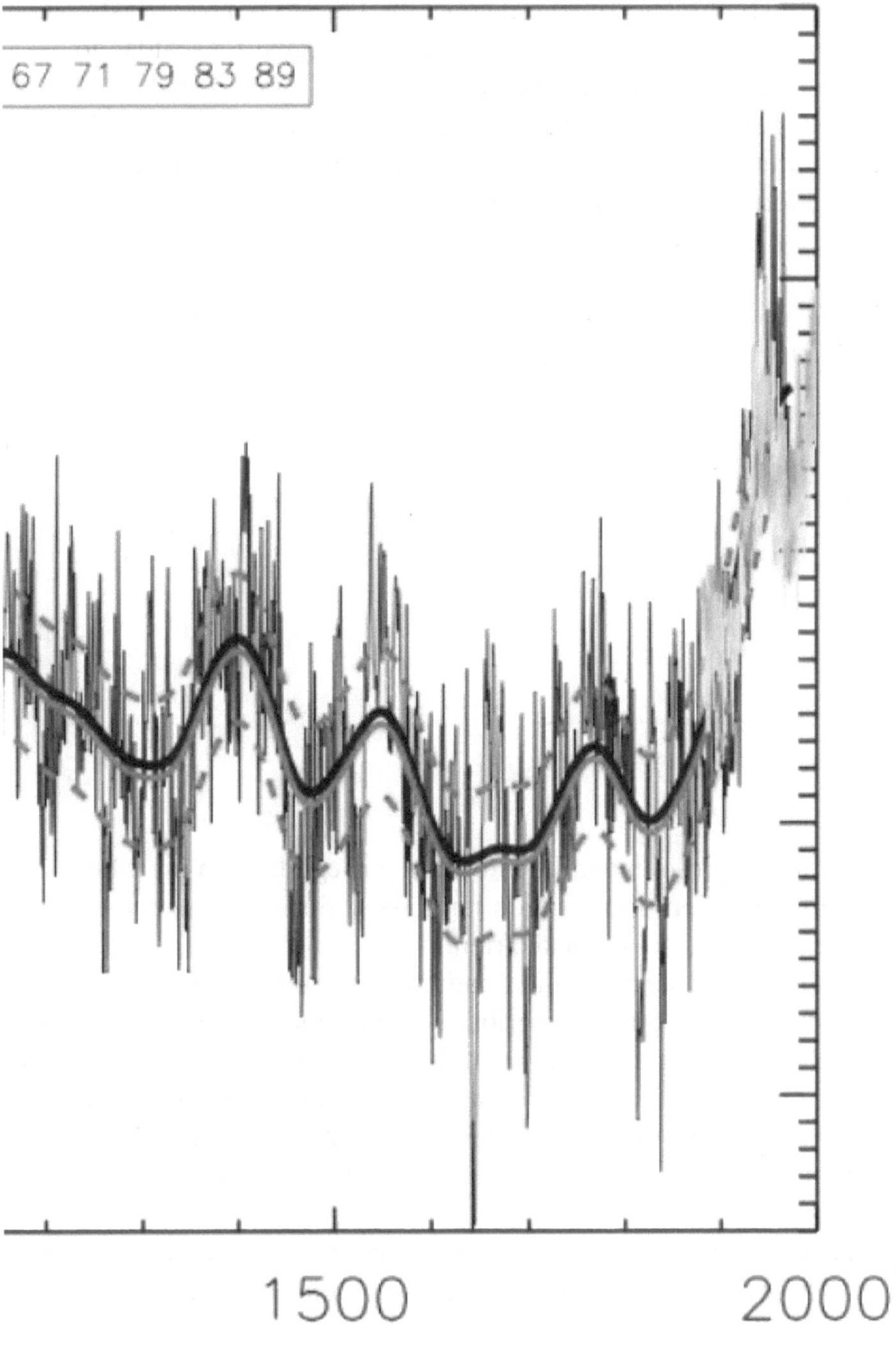
67 71 79 83 89
1500
2000

Se si considera, ad esempio, la temperatura media degli ultimi 800 anni il grafico è perfetto, come qui a lato: si alza esattamente come i catastrofisti climatici amano raccontare. Questo pezzo di grafico dimostra che loro hanno ragione, che il pianeta si sta scaldando. Attorno al 1500, secondo queste misurazioni, era più freddo. Manca però un pezzo importante: gli 800 anni precedenti. Se si prendesse la temperatura media degli ultimi due mila anni, al completo, le cose cambierebbero in maniera radicale.

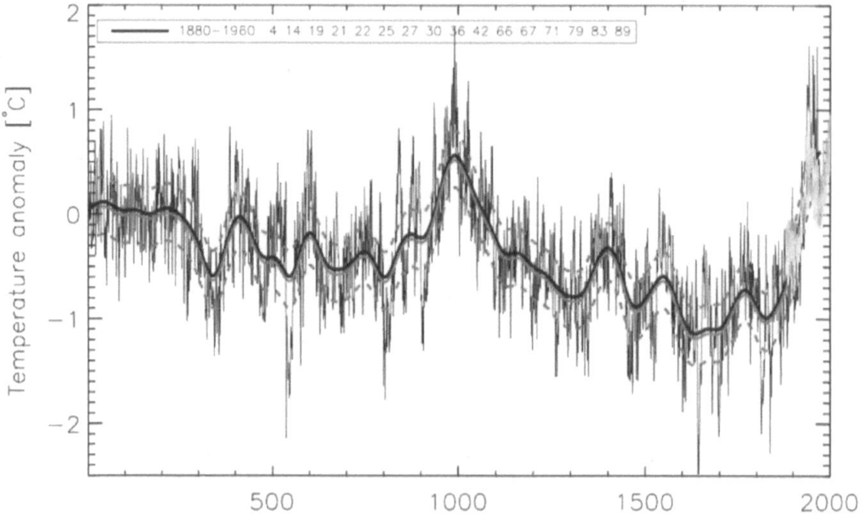

Il grafico se preso integralmente come in seguito, non avrebbe nessun impatto, nessun brivido lungo la schiena, nessun panico, niente mazza da hokey, nada, rien.
Semplicemente perché è già accaduto. Abbiamo già avuto inalzamenti di T° anche superiori a quello odierno e non è successo in realtà nulla di grave; anzi in molti casi è il freddo che limita di più la nostra qualità di vita, non il caldo. Diffondere paura confondendo le carte in tavola, mettendo sullo stesso piano emissioni, contaminazioni e meteorologia è disinformazione.

Si deve per forza iniziare a separare inquinamento da clima. Metterli sullo stesso piano è una scorciatoia psicologica utilizzata come una trappola.

E sopratutto, molto spesso non hanno nulla a che fare l'uno con l'altro. Si devono immettere meno sostanze dannose in atmosfera, questo è fuori discussione, ma utilizzare la temperatura come arma di persuasione è praticamente fuori contesto. Sconfina nell'ingegneria sociale, nelle armi di distrazione di massa.

Farà sempre più freddo

Se un grafico che rappresenta gli ultimi cento anni dimostra una certa tendenza, le probabilità che continui in quella direzione sono alte, ma non vi è alcuna certezza. Un calcolo probabilistico non una certezza matematica: osserva, ipotizza, confronta dati, ma resta più simile a una previsione. Anche i presagi sono molto utili, ma spesso più vicini alle religioni che alla scienza. Questa forse è *Une vérité qui dérange,* citando Al Gore, tradotto pure in Francia.

Non esiste nessun approccio dogmatico ad una teoria scientifica: le teorie sono valide fino a che non ne arriva una nuova che smentisce quella dominante.

Così a volte capita che per raccogliere fondi con facilità, le previsioni di certi studi, le stime, i calcoli matematici, coincidono esattamente con la versione ufficiale, quella che il grande pubblico ama ascoltare e che i sacerdoti amano venerare nelle loro liturgie. Gli incentivi dello stato e le donazioni dei privati, le carriere definite in base ai risultati ottenuti, la pressione istituzionale e la selezione "naturale" delle pubblicazioni, sono l'altra parte integrante del sistema. Ma sia chiaro, non è la scienza il problema, forse è un problema della scienza e di chi la utilizza come arma politica o industriale. Se vogliamo confondere o confonderci le idee, su quel che succederà in futuro, i grafici sono esattamente quello che ci serve: te lo dimostro in maniera empirica. Guarda bene quello qui di seguito:

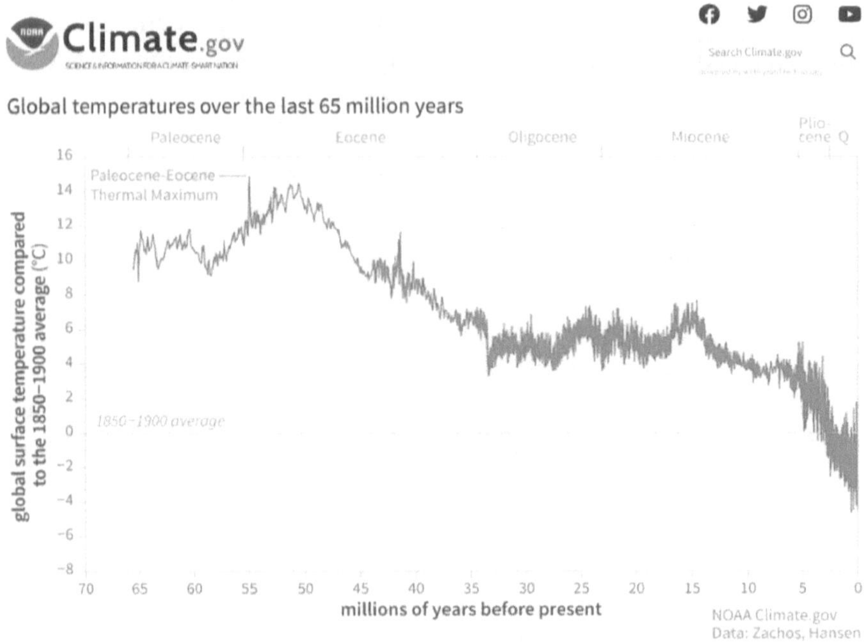

abbiamo la T°media mondiale misurata, si fa per dire, negli ultimi 65 milioni di anni. È un'organizzazione sovranazionale delle più reputate che pubblica questi dati: il N.O.A.A.. Qualunque scienziato, da quello da studio televisivo alla grande università, usa o ha usato le misurazione di questo istituto. La tabella mostra che le temperature sono ai minimi storici, mai stato così freddo e la tendenza è che continuerà a raffreddarsi. Giusto?

Se la statistica è una scienza esatta, se i grafici continuano sempre nella direzione che hanno, se questo è il metodo diffuso oggi e affidabile: il pianeta si raffredderà ancora. La tendenza è il raffreddamento, quindi si raffredderà. Punto. Il riscaldamento climatico è temporaneo e dopo finirà col raffreddarsi di nuovo.

Quindi perché preoccuparsi?

Ernest Rutherford, fisico e premio Nobel considerato il padre della fisica nucleare disse:

«Se il tuo esperimento ha bisogno della statistica, allora avresti dovuto fare un esperimento migliore.»

Mi ripeto per l'ultima volta: confondere una previsione con una certezza è pericoloso e spesso equivale a giocare d'azzardo con gli anelli più deboli della società. Chi deve terrorizzare e imporre i suoi dogmi sa perfettamente come scegliere i propri clienti: di solito sono le ultime generazioni, a cui non fa altro che vendere soluzioni facili, intrise di dogmi invalicabili, di miti irraggiungibili e di falsi problemi. Proprio come hanno sempre fatto le religioni.

El enfriamiento global non aveva funzionato? Non c'è nessun problema: i giovani non si ricordano o ancor meglio non sanno nulla di tutto ciò, e quindi ci riproviamo col *calentamiento global.* Peccato che la realtà si sarebbe scontrata ancora una volta con lo spaventificio mediatico, riportando le cose al loro stato naturale.

Dagli inizi degli anni Novanta infatti le temperature si stabilizzano, anzi in verità videro un leggero calo della media mondiale. Si inviarono nuovi satelliti, si aggiunsero migliaia di stazioni per raccogliere nuove misurazioni, di solito in aeroporti, parcheggi, centri commerciali, palazzi e centri storici, ma i risultati in realtà non cambiarono molto la percezione globale. In più ci si mise pure il sole, uno dei principali veri regolatori della temperatura terrestre, che con la sua scarsa o scarsissima attività raffreddò il pianeta.

Tranne rare eccezioni, tutti i primi anni Duemila smentirono l'ipotesi del riscaldamento globale: la temperatura media non saliva, mentre la CO_2 continuava a crescere in maniera regolare, vedi grafico qui sotto.

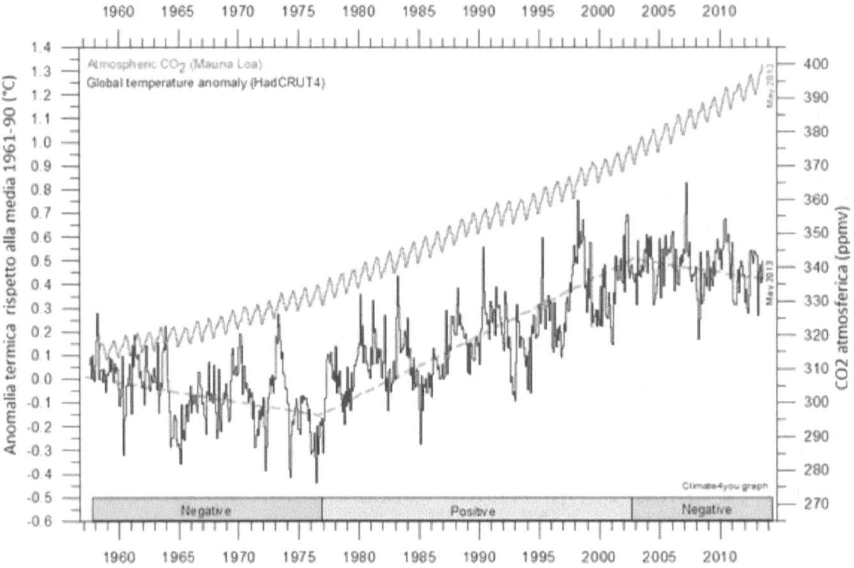

Infine, lasciando perdere tutti i dati, semplificando la divulgazione in maniera equilibrata e trasparente: è stata una sequenza di *Optimum Climatici* e di periodi più freddi, non una vera stabilità, a permettere, come è avvenuto negli ultimi 10.000 anni, lo sviluppo dell'agricoltura stanziale e la vivibilità di vaste aree del pianeta.

Al contrario, durante le ere glaciali la zona abitabile e coltivabile si riduceva drasticamente e quasi esclusivamente a quella equatoriale. La storia del clima non è quella di un equilibrio perfetto, ma di un'instabilità sufficientemente favorevole alla vita.

Un Cambiamento Climatico, ma con le maiuscole.

Cambiamento Climatico

«Il clima futuro non può essere previsto con precisione, perché dipende da processi che non sono ancora completamente compresi.»

Richard Lindzen climatologo M.I.T.

Il raffreddamento, inteso come era glaciale, non c'è stato. Il riscaldamento, come ce lo descrivevano, non spaventa nessuno. Non ci rimane che il Cambiamento Climatico Globale, scritto tutto maiuscolo dovrebbe fare abbastanza paura.

Benvenuti nella terza parte del Rincoglionitico Antropico: l'epoca in cui sedersi sul divano, cliccare e indignarsi è considerato eroico, mentre pensare è tempo perso. La verità è facoltativa, l'anidride carbonica è colpevole di tutto e l'uomo moderno riesce a spaventarsi da solo e in grande stile.

Maurice Strong, uomo d'affari canadese, amministratore e membro del comitato esecutivo della fondazione Rockfeller e fondatore del Gruppo Inter-Governativo sul Cambiamento Climatico, detto I.P.C.C. (*Intergovernmental Panel on Climate Change*), creò nel novembre del 1988 l'Organizzazione Meteorologica Mondiale, all'interno di un programma di sostegno all'ambiente organizzato dall'ONU.

In questa organizzazione, all'ora come oggi, non si fa ricerca, nè i membri sono veramente scienziati o eccellenze in materia, ma si sono comunque autoproclamati come decisori. In un summit negli anni Novanta il sig. Strong disse più o meno così :

«*Ad ogni modo, anche se non abbiamo nessuna certezza completa, non possiamo correre questi rischi, neanche se siamo dalla parte del torto.*»

Si riferiva al fatto che anche se tutte le teorie riguardanti *le changement climatique* si rivelassero completamente infondate o false, dobbiamo comunque procedere con l'agenda e con le misure preventive a livello mondiale.

Per dover di cronaca il 20 aprile 2005 l'ONU annunciò le dimissioni di Maurice Strong preso di mira personalmente dall'indagine sullo scandalo del programma *"Oil for Food"* delle Nazioni Unite in Iraq.

Strong aveva incassato un assegno di quasi un milione di dollari emesso da una banca giordana firmato da Tongsun Park, un uomo d'affari sudcoreano incriminato nel 2006 dalla Corte federale di New York per appropriazione indebita a favore di Saddam Hussein. Sempre Strong, dieci anni prima, nel summit del '92 a Rio de Janeiro creò la prima Agenda 21, una bozza dell'Agenda 2030 e invitò una ragazzina canadese a parlare di catastrofi climatiche proprio alle Nazioni Unite.

Severn Culli Suzuki, a lato, una sorta di Greta Tumberg "d'epoca". Insomma, per chi non l'avesse capito, ciò che ci troviamo ad affrontare oggi non è una novità, è già successo, proprio come il *climate change*. Da quel periodo in poi, *el cambio climático* è diventato una cornice narrativa appassionante «che terrorizza l'occidente, più dell'urlo di Chen.»

I funzionari dell'IPCC ammettono l'errore sullo scioglimento dei ghiacciai dell'Himalaya

I membri anziani dell'organo di scienza del clima delle Nazioni Unite ammettono che l'affermazione che i ghiacciai dell'Himalaya potrebbero sciogliersi entro il 2035 era infondata

L'Himalaya. La fila è incentrata sul rapporto dell'IPCC del 2007, che diceva che "i ghiacciai in Himalaya si stanno ritirando più velocemente che in qualsiasi altra parte del mondo". Fotografia: Getty

Nel frattempo però, alcuni scandali sconvolsero l'I.P.C.C.: il più esilarante, si fa per dire, coinvolse il leader del gruppo, Rajendra K.Pachauri, l'autore del famoso rapporto sull'Himalaya redatto nel 2007 e che sosteneva che i ghiacciai del «tetto del mondo» si sarebbero liquefatti più rapidamente di tutti e che per il 2035 sarebbero completamente spariti: un Al Gore asiatico. Dopo lo scalpore suscitato nel mondo scientifico internazionale da questo "studio", dalle conclusioni a dir poco azzardate, l'istituto rettificò dicendo che si trattava di un errore di stampa e che bisognava leggere 2350, non 2035.

La scienza messa al servizio della politica, ne assorbe il lato peggiore: l'incapacità ad ammettere l'ovvio e finisce col contraddire la propria natura.

Freddo o Caldo...purché se ne parli

I fondi speculativi che investono nelle nuove fonti di energia sono gli stessi che hanno guadagnato quantità impronunciabili di denaro per decenni e che ora iniziano a fiutare l'odore di bruciato, e ciò che brucia non è la terra come volevano farci credere qualche anno fa, ma sono i loro conti in rosso.

Il potere mediatico viene eroso di giorno in giorno da una consapevolezza diffusa e dall'arrivo di internet. L'informazione fa il giro del mondo alla velocità della luce, sia nel bene che nel male. Per starci dietro, impresa titanica, bisogna almeno adeguare la versione *mainstream* alla realtà editoriale.
Se piove poco è colpa della CO_2.
Se piove troppo è colpa della CO_2.
Se fa caldo è colpa della CO_2.
Se fa freddo è colpa della CO_2.
Il clima cambia? È un problema, ma essendo anche la verità è finalmente perfetto!

Lo dico e lo ripeto, la tendenza degli ultimi periodi è quella del riscaldamento, graduale e inesorabile, come già avvenuto circa un migliaio di anni fa. Il clima Mediterraneo, per prendere esempi locali, si sta spostando verso il Nord Europa, come all'inizio dell'anno 1000 d.C. quando non esistevano centrali a carbone, oleodotti, petrol dollari, auto, caldaie a gas, guerre termonucleari o allevamenti intensivi.

Il vangelo televisivo odierno risponde a questa affermazione dicendo che il clima è sempre cambiato, ma mai come ora. È falso, o meglio non è certo, così come non è affatto sicuro che se negli ultimi cinquant'anni la temperatura è aumentata continui ad aumentare. La statistica non è una scienza esatta.

Il clima sta cambiando più velocemente di allora?

Dipende da cosa intendiamo come clima. «Ma i fenomeni estremi si stanno intensificando, come frequenza e come violenza», urlano gli ecologisti da salotto...

Sotto, nel grafico, gli eventi alluvionali gravi in Italia dal 1960 al 2023:

Figura 3. Numero di eventi alluvionali in Italia con almeno un morto o un disperso dal 1951 (CNR-IRPI,1937).

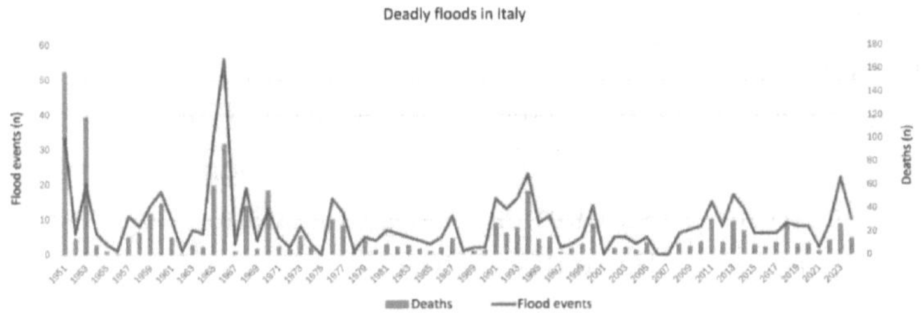

Vedete un incremento netto?

Prolungare una linea dritta su un grafico non può considerarsi scienza e nemmeno per sogno è la realtà. La precauzione deve essere l'unica metodologia, l'unico approccio per affrontare prendere importanti

Si deve certo fare manutenzione al territorio e adeguarlo alle nuove norme e agli effetti collaterali della cementificazione selevaggia. Costruire nuovi quartieri industriali, com'è stato il caso di molte città italiane negli ultimi vent'anni, senza alcun vero piano urbanistico e di rispetto del territorio è un errore che si paga a caro prezzo. Gli argini dei fiumi vanno curati e migliorati. Non fare nulla nella speranza che non succeda nulla è pericoloso, ma anche il panico lo è.

Infatti, se gli oceani si alzano di 1,5 mm all'anno, non ha nessun senso trasferire oggi tutta la popolazione mondiale che vive sul livello del mare perché vi è una "potenziale situazione di pericolo".

Basta prendere carta e penna per smentire il panico con un semplice calcolo: 1,5 mm all'anno sono 1,5 cm al decennio, che sono 15 cm in un secolo, 1,5 metri in mille anni, 15 metri in diecimila. Fra mille anni che tipo di civiltà saremo? Cosa eravamo mille anni fa? E diecimila?

Il problema, dunque, non è il clima.
Il problema è l'uso politico del clima.

Semplice come bere un bicchier d'acqua

In verità, gli oceani sono già cresciuti di livello di più di 100 metri negli ultimi 15.000 anni, senza nessun intervento umano, senza crediti di carbonio e senza organismi di controllo sovranazionale. I ghiacci ricoprivano tutto il Nord Europa, la Francia era sotto decine di metri di neve, e.....siamo sopravvissuti.

Prendete un bicchiere pieno d'acqua, metteteci dentro qualche cubetto di ghiaccio fino a farne uscire un poco, in maniera da essere sicuri che il livello sia al massimo. Aspettate poi che il ghiaccio si sciolga completamente: il livello dell'acqua sarà più basso di prima. Perché? Semplice l'H_2O sotto forma di ghiaccio occupa più volume, le sue molecole cristallizzate sono più distanti e incorporano aria, infatti galleggiano.

Se si sciogliesse tutto il ghiaccio che si trova sulla superficie dell'acqua, cioé quello marino, come una grande parte del Polo Nord, il livello del mare resterebbe invariato o avrebbe un leggero calo. I ghiacci il cui scioglimento provocherebbe un eventuale aumento del livello del mare sono solo ed esclusivamente quelli che si trovano su terra ferma.

I cambiamenti climatici sono sempre esistiti ed esisteranno sempre, l'unico vero pericolo sarebbe l'esatto contrario. Se ci trovassimo in una fase veramente stagnante del nostro clima, una sorta di calma assoluta, allora sì che dovremmo preoccuparci seriamente perché, in quel caso, sarebbe un evento unico nella storia del pianeta.

Ma non c'è nessuna ragione per preoccuparci oggi.

Infatti per quanto non abbiamo certezze sui cambiamenti climatici, o meglio su come cambierà nei prossimi secoli, quello di cui possiamo essere certi è che cambierà.

Manie di controllo

Le Changement Climatique esiste e non dipende da noi, né possiamo in alcun modo regolamentarlo. Volerlo controllare come un termostato domestico è sintomo di un delirio collettivo, figlio dell'ossessione moderna di controllare qualsiasi cosa.

Esistono infatti un cambiamento climatico reale e uno virtuale.

Il primo è un ciclo naturale, in un pianeta perlopiù in glaciazione che trova momenti di respiro durante le fasi di riscaldamento. È in questi intervalli che nascono società, si sviluppa l'agricoltura e fiorisce la vita. In quello virtuale nella meta-percezione, invece, i valori si rovesciano: il gas che è la base della vita diviene un nemico, il clima mite una minaccia e i cambiamenti armi della guerra narrativa.

L'idea di « limitare il riscaldamento globale a 1,5 gradi » è un esempio da manuale di arroganza schizofrenica dovuta alla mania del controllo. Presuppone che un sistema caotico, non lineare e dominato da incognite e numerose variabili, possa essere regolato per volere politico. È la stessa illusione che porta a credere che una media statistica equivalga alla realtà e che un numero, scelto per convenienza ideologica, diventi improvvisamente una legge naturale.

Non stiamo facendo fisica dell'atmosfera: stiamo facendo *storytelling* con i decimali. Regolamentare la temperatura, farla rientrare dentro certi parametri, rivela la frustrazione dei politici odierni, incapaci e incompetenti, a cui non resta che legiferare a tutti i costi probabilmente col solo intento di "far finta di lavorare".

Perché quando la complessità viene ridotta a uno slogan, quando la scienza diventa una religione e la statistica una profezia, il problema non è più climatico: è culturale, politico e psicologico. Non stiamo più discutendo di temperature, ma di potere, di controllo e di obbedienza.

La qualità e la completezza dei dati cambiano drasticamente nel tempo. Le narrazioni climatiche di oggi prendono dati moderni super precisi e li mettono a confronto con dati antichi incompleti e approssimativi, creando spazzatura statistica. Esistono dati pluviometrici storici di oltre un secolo fa comparabili a quelli odierni ? la risposta è NO.

E la risposta è la stessa per ogni fattore e misurazione: pioggia e neve, tempeste e uragani, umidità e vento, tutte "affidabili" solo in epoche recenti, poco nel lontano passato. Vi ricordo, ancora, che si stanno prendendo decisioni senza precedenti per 1 grado e qualche decimale di temperatura media in aumento, in 150 anni. Un grado.

la T° non esiste

«...il clima della Terra è sempre cambiato. Oggi noi pensiamo che se non facessimo nulla e se tenessimo l'anidride carbonica sotto controllo, il clima della Terra resterebbe invariato. Questo non è assolutamente vero. Vorrei ricordare che durante l'ultimo milione di anni la Terra era dominata da periodi di glaciazione in cui la temperatura media era di meno 10 gradi, tranne brevissimi periodi in cui c'è stata la temperatura che è quella di oggi...»

Carlo Rubbia 2014

Temperature di altre epoche

Che il clima cambi è un evidenza, ma che tutto si possa ridurre a qualche decimale e farne una questione religiosa di questa portata è tutta un'altra storia. Anche perché poi, smontare un dogma, farlo crollare è molto difficile e rischia di creare un effetto domino non da poco.

Vedete, quando si scrive un libro si attraversa un periodo meraviglioso; la passione e il bisogno di divulgare vengono alimentati dalla sete di conoscenza. Si imparano tantissime cose nuove, si studia, ci si documenta, finendo per approfondire e trovandosi davanti ad evidenze che riescono a farci cambiare idea in maniera radicale su temi che per noi erano certezze assolute.

La discussione, il dibattito ormai presidiato dai detentori della verità, si stringe sempre di più. La finestra di dialogo rischia di ridursi talmente tanto e talmente in fretta da lasciare fuori un argomento centrale, direi non solo importante, ma basilare: la Temperatura, in questo caso la miuscola è dovuta.

Cos'è e come si
misura?

Per capire cos'è veramente si deve per forza partire dall'inizio, cioè circa 200 anni fa, da quando si usa il termometro al mercurio. Si ritiene sia stato inventato da Daniel Gabriel Fahrenheit nel 1714, ma forse sarebbe meglio dire perfezionato. Per dovere di cronaca e con un po' di amor di patria, è giusto far presente che anche Galileo Galilei un secolo prima di lui aveva costruito un termometro, più rudimentale, ma comunque funzionale.

Tuttavia si dovette aspettare la metà dell'Ottocento perché questo strumento si diffondesse in Europa e i primi del Novecento cosicché acquisisse almeno una tecnologia di produzione sufficientemente precisa ed affidabile da considerare i dati raccolti al tempo come attendibili ai giorni nostri. Dunque tutte le misurazioni, anche solo a livello locale, che oggi utilizziamo ed inseriamo nei grafici, non hanno in nessun caso una base di dati, un cosiddetto storico, superiore ad un centinaio di anni.

Tenendo anche bene in conto che i dati raccolti in queste epoche riguardano prevalentemente l'Europa, si conclude che ogni volta che si legge un titolo di giornale tipo: «temperature mai registrate», «l'anno più caldo di sempre», «l"inverno più freddo degli ultimi mille anni», «le massime più alte di tutti i tempi», si sta mentendo clamorosamente o nella migliore delle ipotesi ci si sta riferendo a quelle «mai registrate» da quando si misura, cioè da pochi decenni, forse da un secolo.

Vale la pena ricordare che se prendiamo come storico l'età complessiva del nostro pianeta o se ci si riferisce al clima terrestre da quando "esiste", questi intervalli temporali, decenni o secoli, rappresentano briciole.

Le ricostruzioni delle T° medie tramite carotaggi, tanto amate dai climatologi, quelle basate sugli anelli degli alberi tagliati, quelle sui sedimenti o impresse nelle cartilagini dei crostacei restano grossolane, teoriche o estrapolate utilizzando metodi di correlazione, sistemi statistici o semplicemente seguendo il percorso climatico del pianeta al contrario. Di fatto non misurano il grado termico direttamente.

Il loro grado di precisione le rende utili solo entro certi limiti: mettere a confronto diretto una temperatura ricavata da un carotaggio a quella di un satellite odierno è semplicemente imprudente, se non inverosimile. Dedurne i decimi di grado attraverso l'analisi dei fossili marini lascia molto spazio all'errore e alle incertezze.

Questi metodi possono dirci se faceva più freddo o più caldo dell'anno precedente, quali erano le concentrazioni di certi elementi, ma a livello di calcolo di temperature non possono essere affiancati alle misurazioni odierne, oppure se si decide di farlo, si deve avere un approccio molto cauto.

Se ci riferiamo a valori di ottocentomila anni fa, per quanto si possa essere stati bravi, ci si arriva per stima approssimativa, con un metodo certamente scientifico, ma deduttivo e mai diretto. Si analizza l'aria rimasta intrappolata nei ghiacci migliaia di anni fa, a centinaia di metri di profondità, tutto molto affascinante, ma la precisione, richiesta per dimostrare ad esempio l'oscillazione di **mezzo grado di temperatura media** è un vero azzardo. Si devono considerare l'incertezza e la scala temporale, altrimenti è solo propaganda che serve a oliare il sistema e raccogliere fondi. Esistono errori di datazione, calibrazione, oltre a rumore biologico e chimico. Monitorare il clima e gli eventi atmosferici è una priorità, ma senza diffondere panico o falsi allarmi.

Se poi pensiamo che il riscaldamento globale, che ci vorrebbero vendere come in atto ed evitabile privandoci di libertà, molto denaro e una buona dose di qualità di vita, sarebbe solo di 0,3-0,8 gradi nei prossimi decenni, evitare allarmismi dovrebbe essere un dovere sociale.

Giusto per capirci: se fai una piccola ricerca, qualsiasi termometro che viene usato oggi per le misurazioni a terra, nella maggioranza dei luoghi che vengono poi inseriti nei grafici in maniera annuale, ha una tolleranza di circa mezzo grado. In quelli migliori, ma non per questo più diffusi, questa imprecisione viene ridotta tra due e quattro decimi di grado. Praticamente il margine di errore dei termometri che usiamo nel 2026 corrisponde al *Globale Erwärmung* (riscaldamento) che ci viene annunciato come una catastrofe inevitabile. Curioso no?

Cosa misuriamo veramente?

Spingiamo oltre, gettiamo lo sguardo oltre l'ostacolo e facciamoci la domanda delle domande: da cosa dipende la percezione del caldo o del freddo?

Credo sia molto interessante capirlo e importante saperlo, visto che **stiamo distruggendo la nostra società per come la conosciamo proprio per un problema di temperatura.**

Partiamo da un esempio: sarà capitato anche a te di scendere dal letto e appoggiare il piede su una superficie di ceramica, come una piastrella, e sentire freddo. E magari come molti di noi avrai preso la decisione di mettere un tappeto proprio a lato del letto, in modo da scendere e, come prima cosa ogni mattina, calpestare qualcosa di più soffice, morbido e caldo.

«Ok, fin qui tutto bene. L'importante non è la caduta, ma l'atterraggio» diceva Hubert Koundé nel film *L'odio*.

Ora ciò che sto per dirti è estremamente controintuitivo e poco conosciuto, ma è fisica e molto facile da dimostrare: puoi farlo anche tu a casa tua. Misura la T° della tua stanza da letto al mattino, diciamo che vi siano 18 gradi; poi misura quella della piastrella in ceramica del pavimento, fredda per il tuo piede: sarà di 18°C. Misura in seguito la temperatura del tuo tappeto, caldo per il piede, risulterà sempre di diciotto gradi, esattamente come quella dell'aria della stanza e di tutti gli oggetti presenti al suo interno.

Ma allora perché sentiamo più caldo il tappeto e più fredda la piastrella?

Questo fenomeno è dovuto alla conducibilità termica e alla capacità termica dei materiali.

Infatti la piastrella ha una alta conducibilità termica, mentre la lana del tappeto ce l'ha molto bassa. Ciò fa si che la ceramica sottragga calore dal piede più rapidamente di quanto non faccia la lana. Tuttavia riscaldare una piastrella di ceramica richiede più energia di un analogo pezzo di legno o lana; quindi, per arrivare alla stessa temperatura corporea, impiega più tempo e nel mentre la si percepisce più fredda.

In parole semplici, non si tratta della T° percepita, come la moda di oggi vorrebbe farci credere, ma di differente conducibilità termica di differenti materiali. Questa cambia non il risultato finale, la misurazione rimane sempre 18°C, ma la nostra sensazione di freddo o caldo. Si noti che succede esattamente l'inverso se certi oggetti sono a temperatura più alta di quella corporea: ci si ustiona molto più facilmente con una lastra rovente piuttosto che con un carbone ardente. È anche per questa ragione che camminare sui carboni ardenti è possibile, previa preparazione, mentre nessuno cammina sulle piastre roventi.

A questo punto vale la pena chiedersi che cosa misura il termometro, visto che davanti a questo esperimento il livello termico di diciotto gradi rimane un risultato fine a se stesso.

..satellitare, al suolo, media, globale, dell'aria, etc...

Vista l'importanza delle misurazioni nell'impalcatura narrativa odierna, vale la pena fare un poco di chiarezza, perché c'è chi parla di globale, chi di locale, chi di quelle medie ai poli e chi di quella percepita, creando molta confusione e diffondendo tanti dati e grafici, ma poche certezze. L'unica costante è che sempre di temperature si tratta.

Abbiamo capito una cosa: oltre a dipendere dal materiale, il calore è estremamente difficile da misurare e forse la risposta risiede all'interno del termometro. Volgarizzando al massimo e cercando di semplificare il più possibile, il termometro misura l'agitazione delle molecole. Il calore fa agitare gli atomi e di conseguenza le molecole. Più calore, più movimento, meno calore, meno movimento.

Una condizione, un fenomeno, che a livello di micromondo ha senso, ma che riportato sul macro, ai fini di una misurazione ambientale, perde molta della sua affidabilità e precisione. Quando poi parliamo di medie globali, allora stiamo sconfinando in quella che io chiamo fintascienza o fantascienza se preferite.

Provo a spiegare questa mia provocazione. Le misurazioni satellitari, ad esempio, certamente molto utili e precise, non tengono però conto di alcuni fattori fondamentali: l'albedo, il tipo di materiale e il contesto dove viene estrapolato il dato.

L'albedo indica la capacità di una superficie di riflettere la luce o la radiazione solare, espressa come frazione o percentuale dell'energia ricevuta. Più è alta l'albedo, più la superficie riflette; più è bassa, più assorbe.

Infatti è perfettamente vero che ad oggi si possono raccogliere le temperature di tutti gli aeroporti del mondo e farne una media, ma bisogna considerare che molti di questi termometri sono piazzati su piste d'atterraggio, in centri cittadini, su palazzi o zone fortemente cementificate avvolte da chilometri quadrati di asfalto, e questo non può essere ignorato per comodità.

Così come, a rigor di logica, risulta difficile comparare questi dati con quelli del grado di calore del suolo, misurato da un satellite da qualche centinaio o migliaio di chilometri di distanza.

Lo stesso giorno alla stessa ora la T° di un bosco è sempre più bassa di quella di un parcheggio, come quella di una città è sempre superiore a quella della campagna che la circonda. Quando avevo circa quattordici anni abitavo in periferia e tutte le sere mi recavo in centro città per raggiungere i miei amici. Lo facevo col mio fedele compagno di viaggio di quei tempi: un Sì Piaggio. Guidarlo tra le mura cittadine nelle sere d'estate era un vero piacere; molto diverso uscirne e percorrere diversi chilometri nelle strade di campagna per tornare a casa. Non si possono dare informazioni ignorando parti essenziali del contesto, altrimenti è disinformazione.

Le mura sono chiare soprattutto nelle zone più calde del pianeta e non è un caso. I tetti sono scuri in molte zone fredde e piovose.

«*Le case bianche del Mediterraneo, i vicoli stretti e le superfici riflettenti non sono folklore, ma risposte climatiche sofisticate, sviluppate senza modelli matematici e senza ideologia.*»

Bernard Rudofsky, architetto.

Zero gradi sulla neve, al sole, senza un filo di vento, possono essere un momento spettacolare da gustare in mezze maniche, con una birra affianco alla crema solare; zero gradi nella nebbia e umidità delle valli della bassa Padania sono quantomeno differenti, necessitano di un approccio fisico e mentale molto diverso, e vi posso garantire che la temperatura anche questa volta c'entra poco.

Stesso discorso è valido per il caldo. Vi sono moltissimi fattori da tenere in considerazione, partendo dai materiali che ci circondano, passando ai colori e alla loro capacità di assorbire o rilasciare calore (energia), fino alla presenza di vento. Nulla di tutto questo viene considerato da un termometro. Se entri in una sauna affronti senza troppi sforzi una temperatura dell'aria di circa 80 gradi, con una umidità relativamente bassa, dal 10 al 20%. Se aumenti l'umidità il limite di sopportazione crolla velocemente. In un bagno turco l'umidità arriva al 90 o 100% e la T° non supera i 50 o 60 gradi.

Si può concludere che quel che misura il termometro è un indicatore prezioso, ma perde di valore assoluto se non si tiene in considerazione una serie di fattori altrettanto importanti: ambiente, vento, umidità e persino gli spazi che si hanno attorno. Un ultimo esempio sono le misurazioni della temperatura al suolo, che ci dimostrano che se per "suolo" si intende l'asfalto, misurarla ha senso se si deve correre una gara di Formula1, non se si vuol avere una idea della meteo o di come vestirsi.

Quindi, quando si parla di media globale, cosa si intende veramente? In verità, credo che sia un dato con un valore scientifico molto limitato e un valore mediatico enorme, spesso sfruttato nella comunicazione emotiva per far leva su colpevolizzazione e divisione.
La temperatura in sé è una misura fragile, senza nessuna spiegazione e senza alcun riferimento ad altri valori ambientali fondamentali diventa solo un ennesimo falso allarme lanciato sullo spettatore ignorante.

L'industria della paura

Negli anni Novanta in Idaho (USA) un quattordicenne di nome Nathan Zohner in occasione della fiera della scienza scolastica, presentò uno studio per far vietare l'uso del monossido di di-idrogeno.
Ne elencò le pericolosità:
- Provoca gravi ustioni.
- Corrode e arrugginisce i metalli.
- Uccide un numero incalcolabile di persone ogni anno.

- Si riscontra in tumori e piogge acide.
- Se ingerito, provoca minzione e gonfiore.

Poi lo studente chiese ai suoi compagni se volessero vietarlo immediatamente: il 90% rispose di sì.
Il nome comune del monossido di di-idrogeno è ACQUA.
Ad oggi si definisce *Zohnerismo* «quel metodo di diffusione parascientifico che è volto ad indirizzare un pubblico ignorante verso false conclusioni».
Certo, dirai tu, vi è riuscito con dei quattordicenni, suoi compagni: nel 2010 alla conferenza mondiale ONU sui cambiamenti climatici di Cancùn, due divulgatori scientifici statunitensi fecero firmare a moltissimi partecipanti una petizione per la messa al bando del D.H.M.O. (in inglese *Dihydrogen Monoxide*).
In questa beffa, l'acqua venne indicata solamente con la denominazione di monossido di di-idrogeno, descritta con toni allarmistici, ed elencando scenari in cui era il potenziale pericolo, oltre ai suoi effetti dannosi per la salute. Un estratto dal sito internet correlato alla petizione:
- Se bevuto in grandi quantità in un breve lasso di tempo può provocare l'iponatriemia.
- Allo stato solido può danneggiare i tessuti biologici.
- Ingerito in grandi quantità può causare una serie di effetti sgradevoli, anche se non letali.
- Contribuisce al fenomeno delle piogge acide.
- Allo stato gassoso è anche responsabile di gravi ustioni.
- È tra le principali cause dell'erosione del suolo.
- È in grado di corrodere ed ossidare diversi metalli.
- Se si deposita su componenti elettronici e circuiti elettrici, è responsabile di cortocircuiti.
- È tra le cause dei "cicloni killer", negli Stati Uniti come in altri Paesi.
- È sospettato di contribuire non poco all'effetto meteorologico El Niño.
- Viene ampiamente usato negli impianti di produzione dell'energia nucleare.

Credo sia chiaro a tutti che questa farsa, questo esperimento sociale, abbia diversi effetti: il primo è di enfatizzare gli effetti negativi

dell'acqua, tutti conosciuti e reali. Il secondo dimostra in maniera chiara che basta esporre fatti anche banali in maniera ben oculata per ottenere risultati incredibili.
È sufficiente far leva su emotività e ignoranza del lettore utilizzando una terminologia volta a manipolare per creare uno scenario di pericolo, prospettando così una situazione di terrore per la collettività.
Si riesce così a convincere centinaia di "pollitici" a firmare petizioni, migliaia di benestanti a elargire donazioni, e milioni di cittadini verso una precisa presa di posizione.

Lavoriamo e allo stesso tempo siamo un ingranaggio della catena di montaggio dell'industria della paura.
Non c'è un Noi o un Loro, noi viviamo grazie a loro e loro grazie a noi.

Cambiamento Cromatico

In un mondo in cui ogni dato può essere manipolato, dove la percezione prende il posto della misura e la paura sostituisce lo spirito critico, la T° diventa un concetto fluido, un pretesto per controllare comportamenti, convincere le masse e alimentare narrazioni economiche e politiche.

A lato due screen shot presi durante le previsioni meteo della TV di Stato: in Italia e, di seguito, in Germania. La comparazione evidenzia il *Cambiamento Cromatico* delle cartine geografiche utilizzate durante queste trasmissioni, tra le più viste di tutta la programmazione giornaliera.

Purtroppo sono in bianco e nero, ma è comunque visibile la modificazione dei colori che va di pari passo con la manipolazione della percezione. Siamo passati da cartine geografiche i cui colori riflettevano vegetazione e morfologia del terreno, a mappe termiche dominate da scale di rosso. Credo che anche qui saremo tutti d'accordo: si tratta di una scelta quella di impaurire le persone utilizzando ogni arma mediatica conosciuta, non di un caso. In meno di un decennio le carte geografiche con colori naturali sono divenute, in tutta Europa, mappe rosse, viola o a volte quasi nere. Nero cenere. *Synoptic chart,* si dice in inglese, cioè che dovrebbe aiutarci a visualizzare meglio le temperature. In realtà i colori influenzano le emozioni e le reazioni delle persone; non aiutano a capire meglio, ma condizionano.

Una carta del tempo verde, in giugno, con 30 gradi scritti in bianco, non fa paura a nessuno, anzi comunica solo una cosa: estate. Se la cartina è in fiamme, l'effetto è ben diverso.

La temperatura esiste, certo, ma non come viene raccontata: non è un numero assoluto, è un indicatore fragile; non è un giudice supremo, ma dipende dal contesto; non è un destino ineluttabile, è uno strumento.

È, infine, solo un valore, spesso approssimativo, che lascia spazio a interpretazioni. Se si sceglie di rappresentare 27 gradi in rosso fuoco e 32 in viola, si sta aumentando la percezione di gravità e di allarme. Qui il meccanismo non è climatico, ma psicologico.

Il rosso è culturalmente associato al calore estremo, al sangue, al divieto, al fuoco e al pericolo.

Il Cambiamento Cromatico, maiuscolo perché avvenuto realmente, è una tecnica che amplifica mediaticamente gli effetti, distorcendo e accentuando le cause.
È una esagerazione.

Causa e effetto

«Correlazione non significa causa-effetto.»

D'estate le vendite di gelato aumentano tutti gli anni, come anche i casi di annegamento. I due fenomeni vanno di pari passo, c'è correlazione, ma mangiare gelati non causa annegamenti!

La CO2 non regola la temperatura globale, forse il contrario....

Effetto serra

Si deve per forza affrontare il tema centrale del dibattito, non posso scappare. Se non altro per ragioni semantiche: nel rapporto causa-effetto, le cause sono quelle che in questo libro ho cercato di portare alla tua attenzione. Ma ho lasciato per ultimo quelle su cui si basa tutto il *meta-racconto,* che per volere del destino si chiama: effetto serra.

Per essere coerenti con il metodo usato finora partiamo con qualche domanda da porre a qualunque climatologo o scienziato del clima. Se non ne hai uno a portata di mano, falla al fornaio, al tuo vicino di casa in ascensore o alla migliore IA che utilizzi: l'azoto contribuisce all'effetto di rifrazione dei raggi solari?

Poi chiedi: l'ossigeno contribuisce all'effetto di rifrazione dei raggi solari?

Sembrano domande stupide, senza senso, ma non lo sono affatto. Magari dopo una lunga spiegazione e qualche chiarimento, ma entrambe le risposte saranno affermative.

Azoto e ossigeno costituiscono più del 99% dell'atmosfera terrestre, da soli. La CO_2 rappresenta solo lo 0,042%. Ogni gas che compone l'atmosfera contribuisce alla rifrazione dei raggi solari: quindi l'atmosfera, tutta, ha una funzione di "effetto serra"?

In questo caso la risposta "non può" essere affermativa, perché la definizione di gas serra esclude ossigeno e azoto dalla lista, anche se entrambi partecipano al bilanciamento termico e si scaldano per urti molecolari, rendendo possibile un'atmosfera densa e trasportando calore. Siamo arrivati a un punto in cui il lessico è stato regolamentato e la semantica rientra in un inquadramento normativo, impedendo il ragionamento e l'analisi.

Come spesso accade oggi, un gruppo di persone ha dato una definizione ben precisa del problema e che può essere pure aggiornata in funzione della narrazione.

La definizione di gas serra è un pezzo del *puzzle.*

Perché l'Anidride Carbonica aumenta?

Il miglior modo che conosco di leggere un articolo di giornale, di ascoltare un conferenziere, di guardare un video informativo o di interpretare un grafico è quello di avere un approccio scettico e analitico, distaccato.

Un dibattito senza ontologia rischia di discutere dati e modelli senza interrogarsi sulla natura stessa del fenomeno di cui si parla.

La CO_2 e la regolazione della T° terrestre sono argomenti complessi. In tanti mi hanno detto più e più volte di "stare lontano" da questi temi, spesso con tono quasi minaccioso. Ma più facevo ricerche e mi informavo, più tutto era relativamente logico: complicato, certo, ma non impossibile da comprendere. Cercando di non cadere in tecnicismi noiosi e formule chimiche complicate, arriviamo al nocciolo della questione: la cosiddetta correlazione tra anidride carbonica e aumento delle temperature. Per farlo si deve comprendere il più possibile una cosa ben diversa, il principio di causa - effetto. Partiamo da questo grafico :

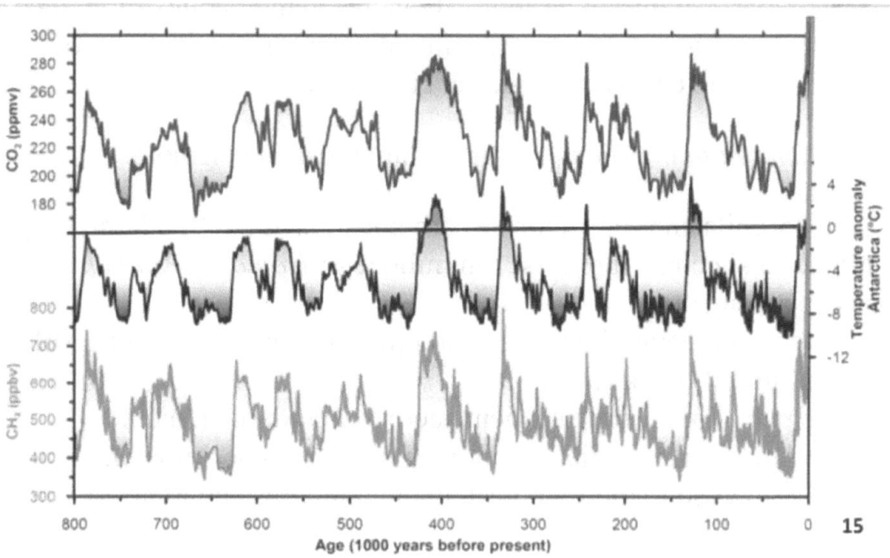

15

In alto avete la concentrazione di anidride carbonica, in mezzo le temperature e in basso la concentrazione di metano.

La scala temporale è degli ultimi 800mila anni.
Prendiamo per buoni tutti i dati, anche se come già spiegato vi sono ragionevoli dubbi sulla precisione delle misurazioni, soprattutto per quel che riguarda la temperatura di ottocentomila anni fa.
Ammettiamo che tutto sia esatto, dando fiducia a carotaggi, isotopi di ossigeno, gusci fossili e organismi unicellulari. Secondo la teoria dominante l'anidride carbonica fa aumentare la temperatura. Perfetto ma allora:

cosa fa aumentare la CO_2?
OBJ
O meglio, cosa l'ha fatta aumentare una decina di volte negli ultimi 800mila anni?
La teoria odierna ci dice chiaramente che l'aumento è dovuto all'attività umana, ma all'epoca qual é stata la causa? Le automobili utilizzate dai Neanderthal? La produzione industriale dell'homo Heidelbergensis?...di cui ignoravo l'esistenza prima di scrivere queste righe.
L'uso massivo dei combustibili fossili nel paleolitico? Sempre e solo i vulcani attivi, che non lo erano per gran parte di questo periodo? E anche quando erano attivi, da soli erano sufficienti a immettere in atmosfera quel quantitativo di ppm di metano e CO_2 che i grafici ci mostrano?

The elephant in the room. C'è un elefante rosa in corridoio.

Circa 350mila anni fa l'anidride carbonica era ai livelli odierni e sulla terra si contavano, forse, un milione di *Homo*, dei *Sapiens* ancora nessuna traccia.
Cosa fece aumentare l’anidride carbonica all'epoca e altre otto volte negli ultimi 800mila anni?
Niente petrolio, niente gas, niente aerei o grandi navi, niente agricoltura intensiva, niente scoregge delle mucche, nulla, *nada*, *rien*. Certo vi sono molte ipotesi, ma in realtà restano ipotesi.

Correlazione non vuol dire causa-effetto

Il grafico precedente, però, dimostra una cosa molto interessante e altrettanto facile da capire e cioè che tra CO_2, metano e temperature c'è una correlazione, ma non c'è nessuna causa-effetto facilmente dimostrabile.
Possiamo tirare in ballo i vulcani, gli oceani, gli asteroidi; inventarci catastrofi di cui non vi è traccia, o inventare tracce senza che vi siano state catastrofi, ma rimangono congetture, teorie spesso prive di logica e che per stare in piedi hanno bisogno di scenari improbabili, di coincidenze pressoché impossibili, di molta fantasia o, peggio, di bugie per coprire altre bugie.

Come succede in questi casi, per sostenere la versione ufficiale, quella comoda alle scelte industriali odierne, si ama raccontare cataclismi sempre più grossi.

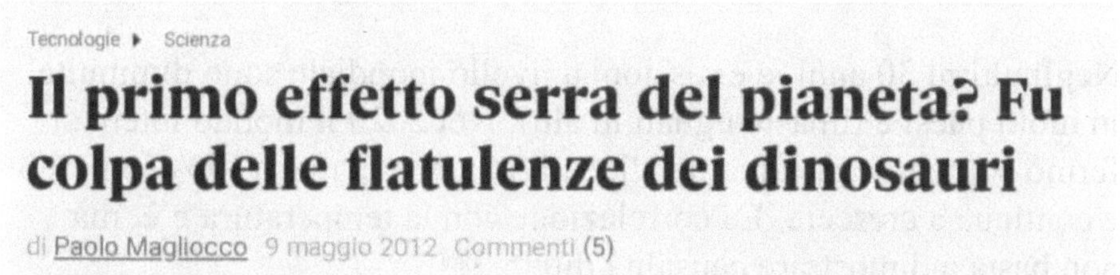

Tecnologie ▸ Scienza

Il primo effetto serra del pianeta? Fu colpa delle flatulenze dei dinosauri

di Paolo Magliocco 9 maggio 2012 Commenti (5)

(Corbis)

Se avete già sentito dire che le mucche sono una fonte di inquinamento atmosferico e contribuiscono al problema del riscaldamento globale a causa delle loro emissioni di gas, non vi stupirà troppo sapere che adesso gli scienziati hanno scoperto che lo stesso poteva succedere nel Triassico e nel Giurassico con i dinosauri. Fatte le proporzioni di stazza, anzi, è facile immaginare che i giganti della preistoria dessero un contributo ancora più abbondante in termini di metano (soprattutto) e altri gas prodotti nel loro intestino dalla

E allora: cadde un asteroide, eruttarono contemporaneamente tutti i vulcani delle Hawaii, Indonesia e Canarie, iniziarono a scoreggiare tutti i dinosauri contemporaneamente...se pensate che sia una battuta di cattivo gusto, cercate in rete: motivazioni che avrebbero scatenato gli aumenti dell'anidride carbonica nel passato. Vedi a lato.

Il mio dubbio, in verità non solo mio ma di molti studiosi e ricercatori, è che si stia cercando la congettura forzata, che il *bias* cognitivo della ricerca della conferma colpisca anche le menti migliori del nostro pianeta.

Provo a svelarvi un'altra teoria, molto plausibile, e cioè che **i cicli di Milanković**, di cui abbiamo ampiamente parlato, siano i primi responsabili. E che in verità sia l'aumento della temperatura e altri fattori correlati come i cicli solari a far aumentare la CO_2 e il metano, non il contrario.
Allo stesso modo, la diminuzione della loro concentrazione segue la diminuzione delle temperature.

Negli ultimi 30 anni le emissioni a livello mondiale sono diminuite in molti paesi e rimaste uguali in altri. Nel 2020 il mondo intero si fermò contemporaneamente alle attività umane, ma la CO_2 continuò e continua a crescere. La correlazione con la temperatura c'è, ma non basta a dimostrare causalità diretta.

Il Metano "non" ti dà una mano

Anche il ruolo del metano alimenta il legittimo dubbio sull'antropia del cambiamento climatico. Il CH_4 in atmosfera aumenta in concentrazione regolarmente di anno in anno, ma molti studiosi di tutto il mondo sostengono che l'uomo non sia l'unico responsabile del suo rilascio in atmosfera. Infatti paludi, termiti, oceani e permafrost liberano quantità enormi di questo gas difficilmente quantificabili con esattezza.

Il secondo fattore che destabilizza la teoria che vuole il metano come altro grande responsabile è la sua breve durata in atmosfera: c'è chi parla di dieci anni e chi di meno di cinque. Il colpo finale alla narrazione unica è che il metano presente in atmosfera non è interamente di origine fossile, ma è anche un prodotto biogenico, cioè naturale. Questa discussione va avanti da diversi decenni e ancora non è finita. Vi sono modelli di inversione che mostrano la variabilità delle emissioni naturali influenzare notevolmente il metano atmosferico per decenni. Esistono incertezze nelle cause e ampi intervalli nelle stime globali. È difficile separare le fonti naturali da quelle antropiche, è difficile distinguere e quantificare l'origine ed è difficile avere certezze sulle tendenze future.

Non sto negando che le attività umane contribuiscano all'aumento del metano in atmosfera, ma c'è un'importante letteratura che è critica e prudente a riguardo.

Oggi non è come ieri

Se leggiamo i dati così come sono, scopriamo che l'anidride carbonica negli ultimi 150 anni è passata dai 270 ppm dell'epoca preindustriale ai circa 420 ppm di oggi (aumento del sessanta per cento). Se ci fosse correlazione diretta le temperature dovrebbero essere quasi raddoppiate anch'esse o comunque aumentate notevolmente. Invece si parla di 1 grado medio di aumento totale. Qualcuno arriva a dire 1,2 gradi in più e altri scienziati si fermano a uno 0,9. Ma ampliamo questo ragionamento senza semplificazioni che piacciono tanto ai media, ma poco a chi, come me, non vuol essere convinto, ma comprendere.

La T°media mondiale è di 15 gradi, il 60% di 15 è 9. Se ci fosse correlazione diretta tra aumento dell'anidride carbonica e quello delle temperature, la media globale dovrebbe essere quasi raddoppiata. E invece? 1 grado d'incremento. Capisci che in realtà anche la correlazione non sembra così diretta, ma piuttosto un'ennesima congettura forzata.

Per molti l'assenza di certezze è difficile da accettare; da qui nascono la fede e la tendenza a ricondurre al divino fenomeni che appaiono inspiegabili. Tra i grani del rosario climatico, una frase ripetuta e cristallizzata nella mente dei fedeli, quando la realtà è difficile da comprendere, è:

«La CO2 è un gas serra che regola il clima terrestre.»

Questa affermazione, spesso trattata come un dogma indiscutibile o una formula matematica, presenta in realtà numerose criticità. È quindi fondamentale ampliare la discussione per comprendere fino a che punto venga strumentalizzata e quando si tratti invece di enfatizzazione, spettacolarizzazione o propaganda industriale.

Le ipotesi nate per sostenere questa teoria si basano su eventi e statistiche che possono e devono essere discusse e non prese come certezze assolute.
Perché la scienza non è una religione, non è qualcosa in cui credere o a cui fare prova di fede, ma è un metodo. La teoria che vede l'anidride carbonica come gas serra è accostata all'intervento umano come suo grande produttore, non è un dogma, anzi ha forti criticità e punti deboli.

Certo, è sicuramente vero che l'era industriale ha prodotto e produce grandi quantità di CO_2 che vengono rilasciate in atmosfera, nessuno lo nega, ma sul totale presente in atmosfera, rimane una percentuale comunque limitata e molto difficile da misurare.

La quota netta antropica, che piace tanto ai "verdi" di tutti gli schieramenti, è oggetto di stime e modelli in evoluzione: non una credenza. Le ricerche più recenti tendono a dimostrare che l'aumento della CO_2 negli ultimi 150 anni sia completamente attribuibile alle attività umane, e lo fanno basandosi su un'equazione molto semplice e poco scientifica: se l'anidride carbonica è aumentata del 50%, allora quell'aumento è da attribuire all'uomo.
Tutto ciò è molto discutibile, innanzitutto perché le emissioni dell'uomo oggi, intese come produzione industriale, non hanno nulla a che vedere con quelle di 150 anni fa, e quindi l'aumento costante misurato, anche se in crescita, non è proporzionato alle emissioni umane.

Pensare che la Cina di fine Ottocento producesse la stessa quantità di anidride carbonica odierna è un'assurdità, e lo stesso vale per il resto del mondo.
Le stime tracciate oggi giorno risultano forzate e adattate per coincidere con la tesi maggioritaria.

Scendiamo nel merito: si parla, a livello globale, di emissioni dieci volte superiori rispetto a 100/150 anni fa, ma qualcosa non torna.

Qualche dato: nel 1870, all'inizio dell'era industriale e della fase iniziale di crescita della CO_2, la popolazione mondiale era di circa un ottavo rispetto a oggi, e forse lo 0,01% conosceva l'uso del gas naturale come combustibile.
Nessun aereo o automobile era ancora stato inventato, e il primo motore a scoppio comparve proprio in quegli anni.
Nel 1900, trent'anni dopo, le automobili presenti al mondo erano circa 10.000, rispetto all'attuale miliardo e seicento milioni, le navi da crociera erano praticamente inesistenti, forse una cinquantina di unità, mentre oggi sono dieci volte tanto e di dimensioni estremamente superiori.

Le navi cargo erano già numerose all'epoca, qualche decina di migliaia, ma molte erano ancora a vela. Ai giorni nostri siamo a 120.000 unità. Escludendo alcune città dell'Europa e degli Stati Uniti, le centrali a carbone erano ai loro albori, piccole o piccolissime e forse un migliaio in tutto.
Oggi non vi è città al mondo che non " bruci" combustibili fossili, per riscaldarsi o raffreddarsi.

Le stime odierne vorrebbero farci credere che quel tipo di emissioni fosse sufficiente a far salire i livelli di anidride carbonica con lo stessa velocità di oggi.
Usando solo la logica, il rapporto tra l'immissione in atmosfera di anidride carbonica a fine Ottocento e attuale, e la crescita in atmosfera, dovrebbe essere di 500 – 1000 volte.

Nel nostro tempo inquiniamo molto di più che a inizio dell'era industriale, ma la concentrazione di CO_2 non cresce sincrona con le nostre emissioni. Non so come hanno stimato questi valori, ma non sembra esserci correlazione tra la crescita dei ppm e le emissioni riconducibili alle nostre attività.

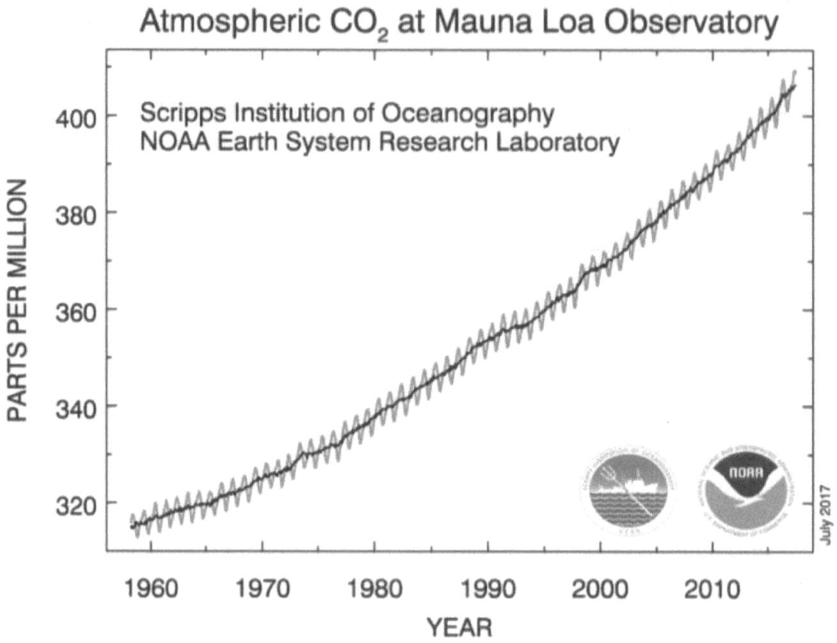

Prendiamo le misurazioni più affidabili, quelle di Charles Keeling dal 1959 ad oggi. La crescita è praticamente regolare. Ma nel 1960 circolavano un sedicesimo delle auto odierne, centomila contro un miliardo e seicento milioni. In Inghilterra in quegli anni vi erano circa ventimila case con riscaldamento centralizzato a gas, per intenderci una caldaia simile a quelle contemporanee. Oggi sono circa venti milioni. L'aviazione commerciale era agli albori, difficile avere cifre ufficiali, ma ad esempio gli aerei a reazione in servizio erano meno di cinquecento, forse qualche migliaio quelli a turboelica: oggi siamo nell'ordine dei trentamila. Com'è possibile che queste differenze di emissioni non siano visibili nelle misurazioni?

In verità i sacerdoti del pensiero unico hanno la risposta a tutte le domande, per quest'ultima dicono che il peggio deve ancora arrivare. Stranamente quando la realtà non coincide con la narrazione, l'attenzione viene spostata su una previsione catastrofista, attraverso un'affermazione che assomiglia di più ad una minaccia che a un dato scientifico.

Ma guardiamo per una volta altrove: esistono anche molti studi moderni e indipendenti che indicano le emissioni dirette dell'uomo con percentuali molto inferiori, che vanno dal 38% fino a valori attorno al 18% del totale. Certo non sono lavori che fanno parte del consenso scientifico principale, non sono pubblicati dalle riviste che dominano la scena, ma anche Galileo non faceva parte del consenso scientifico principale quando disse che era la Terra a girare attorno al Sole. I processi di *peer review* del tempo, il controllo da parte degli esperti, lo avevano costretto a ritrattare e rinchiuso tra le mura di casa sua. Messo ai "domiciliari" per aver avuto un'opinione diversa dalla maggioranza.

Chi aveva ragione allora e chi ha ragione oggi?

Effetto serra buono ed effetto serra cattivo

Ma capovolgiamo il paradigma, senza scendere troppo nei dettagli tecnici e nelle teorie, valide fino a che non vengono smentite: ciò che si sa è che senza gas serra la temperatura media del nostro pianeta sarebbe attorno ai –18 °C, contrariamente ai +15 Celsius di oggi. E su questo siamo tutti d'accordo.

Non è questione di clima, ma di atmosfera. Quindi l'effetto serra serve ed è servito allo sviluppo e all'evoluzione del nostro pianeta e della vita.
L'effetto serra è una cosa buona, utile e vitale, come la CO_2.

Di fatto, ha reso abitabile la Terra.

Perché questo non si può dire in TV e non si può scrivere su un giornale? Perché non appare come primo risultato nelle ricerche ? Dovrebbe essere la base di partenza per qualsiasi confronto.

L'effetto serra non può essere considerato scientificamente come un male assoluto, farlo è semplicemente sbagliato. Deve essere considerato in gran parte come un bene per il nostro pianeta e per gli esseri che lo abitano. Allo stesso modo, quando si parla di effetto o di gas serra non si può giocare con le etichette di buoni e cattivi, come per una partita di calcio, senza cadere nell'errore.

Dove finisce la protezione e dove comincia il problema? In più i gas interessati sono molti, perché non menzionarli e considerarli tutti quando si parla di aumento delle temperature?

Esiste quindi un riscaldamento globale buono e uno cattivo?

Non è possibile dare una risposta a queste domande, semplicemente perché le cause non sono dipendenti da un unico fattore. Non c'è un termostato che regola la temperatura terrestre. Possiamo e dobbiamo inquinare meno, essere più responsabili e rispettare le risorse del nostro spettacolare pianeta perché sono rare e non infinite.

Ma lasciamo da parte le manie di controllo.

Messico e Nuvole

Un altro punto critico della teoria dell'effetto serra legata a guinzaglio corto alla CO_2 è che mai si considerano altri gas. Si sostiene che una crescita della prima sia correlata direttamente a un aumento delle temperature, ma già qui abbiamo un problema di unilateralità delle informazioni e di contesto, che crea di fatto il pensiero unico. Eccovi i gas serra più presenti in atmosfera in ordine decrescente: il primo e più importante è il vapore acqueo, poi troviamo la CO_2, il metano, il protossido di azoto, l'ozono e i fluorurati.

Il vapore acqueo nella sua più nobile e meravigliosa manifestazione forma le nuvole, è quello che influisce di più non solo per il suo potere di rifrangere la luce solare o di trattenerla, ma anche per il suo chiaro e decisivo ruolo nel clima: precipitazioni e albedo, fenomeni atmosferici come vento e pioggia sono legati alla sua presenza in enormi quantità in atmosfera.

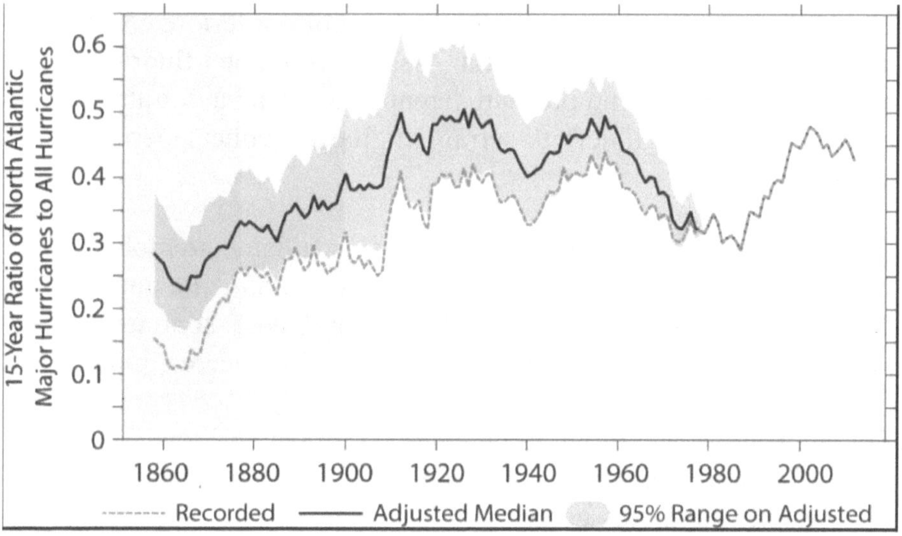

Lo so, in molti, abituati a ripetere la lezioncina appresa dai fanatici della catastrofe, sono pronti a recitare il *leitmotiv:* più anidride carbonica, più vapore acqueo, più eventi catastrofici, più uragani, più intensità, più piogge, etc...a sinistra uno storico del numero di uragani atlantici; il *dataset ufficiale* iniziò nel 1851 perché anteriormente non esisteva un sistema organico di rilevamento globale, eventuali tempeste prima di allora sono ricostruite da documenti storici in modo euristico. D'altra parte le misurazioni fatte coi satelliti cominciarono tra gli anni Sessanta e Settanta. Come già detto per altri grafici, esiste una ciclicità, ma nessuna emergenza e nessuna tendenza evidente: probabilmente, prima dell'era satellitare, molte tempeste non vennero neppure viste e i conteggi erano sottostimati e anche le misurazioni di intensità, intensificazione ed energia riguardavano una scala temporale troppo corta per essere definita *un trend.*

Il vapore acqueo è determinante, ma per gli altri gas serra non vale lo stesso discorso. Nessuno di essi è direttamente coinvolto nelle precipitazioni o nelle variazioni dell'assorbimento della luce solare. Avete mai sentito di nuove tecnologie o macchinari per la cattura del vapore acqueo o per il sequestro dall'atmosfera delle nuvole?

L'anidride carbonica, presente in quantità molto inferiore è anch'essa implicata, ma in maniera indiretta. Alcuni gas, come i fluorurati, quantitativamente meno presenti, hanno una capacità di trattenere la radiazione, uno degli «effetti serra», migliaia di volte superiore a quella della CO_2.

Il protossido di azoto ha un potenziale di riscaldamento globale 273 volte quello della CO_2. Il metano ha un impatto 85 volte quello dell'anidride carbonica in un arco di 20 anni. Queste sono tutte informazioni che potrai trovare con una semplice ricerca, niente di complicato o complottista.
Trattare l'anidride carbonica come unico termostato è una semplificazione politica, non fisica. Perché viene indicata come sola responsabile dai media generalisti?

I rutti delle vacche: killer del clima, che peggiorano il bilancio ecologico

Le bevande alternative al latte derivate da soia, avena o farro hanno un'impronta climatica significativamente inferiore rispetto al latte vaccino: lo dimostra un confronto commissionato da WWF Svizzera. I rutti al metano delle vacche da latte svizzere e la produzione del loro mangime contribuiscono al riscaldamento globale e mettono dunque a rischio la nostra stessa esistenza. Il metano è un gas dannoso per il clima. Il consumo di bevande vegetali sostitutive del latte aiuta a ridurre queste emissioni.

Il metano ad esempio, può essere considerato quasi irrilevante come gas serra sulla Terra, perché presente in concentrazioni molto basse e perché le sue bande spettrali si sovrappongono quasi totalmente a quelle del vapore acqueo, molto più abbondante. Eppure sentiamo filantropi e politici di tutti gli schieramenti urlare, in TV e nei giornali, la loro battaglia contro le mucche, i loro rutti e i loro peti. Nessuno che spieghi seriamente il ruolo del metano.

«La scienza è la convinzione nell'ignoranza degli esperti.»

Richard Feynman, premio Nobel per la fisica e divulgatore che ti consiglio vivamente.

Riassumendo e semplificando il più possibile, ogni dato rappresenta un numero: un valore utile e indispensabile per comprendere meglio come funzionano il nostro clima, le temperature e i fenomeni meteorologici.
È fondamentale continuare a studiare, considerando sia i fattori sociali sia la sopravvivenza della specie umana.
Tuttavia, prima di trarre conclusioni affrettate, è bene fermarsi a riflettere, mettendo da parte panico e colpevolizzazioni, cercando di ragionare senza ideologie precostituite.
Nel sistema climatico agiscono troppi fattori diversi e fortemente influenti: si tratta di sistemi caotici e imprevedibili, governati da complesse equazioni matematiche, reazioni chimiche e eventi che non possono essere previsti con certezza.
In un contesto così intricato e dinamico, come si può anche solo pensare di regolamentare il clima? Di "normarlo"?

Su una scala temporale così grande come quella che coinvolge i cambiamenti climatici le nostre misurazioni risultano poco consistenti e difficilmente ci possono dare una visione chiara. Questo dovrebbe essere il punto di partenza per avvicinarsi a qualsiasi studio o teoria sul clima.
Dipingere un gas che è presente in atmosfera per lo 0,042% come regolatore del clima mondiale sembra quantomeno azzardato. Una sorta di termostato della T°media terrestre in mano ai grandi controllori dei crediti di carbonio. L'unica correlazione evidente è quella tra gli interessi di certe lobby e la manipolazione guidata per giustificare scelte politiche e commerciali.

Lo ripeto, è una mia teoria e prendila come vuoi, come se fosse fintascienza, per quanto riguarda anidride carbonica e temperatura: correlazione sì, causa-effetto? Direi di no.

Clima d'esagerazione

Ma per un attimo lasciamo da parte i grafici e i dati e cerchiamo di capire perché ad oggi è vietato parlare di CO_2 in versione positiva. Questo gas praticamente innocuo, inodore e insapore e che fino a pochi decenni fa la quasi totalità del genere umano ignorava, oggi invece è il nemico numero uno.

Ho fatto un esperimento, che consiglio anche a te: ero con un gruppo di amici a un compleanno e ho iniziato, facendo finta di parlare con qualcuno, a dire ad alta voce:
«**Io amo la CO_2**» e ripeterlo più volte, con frasi tipo: «dovrebbe esserci più anidride carbonica nell'aria, non è abbastanza caldo oggi» «la CO_2 è la base della vita vegetale e animale, vado ad accendere il mio diesel...»

Molti erano sinceramente scocciati; non tutti, è vero, ma alcuni si indignavano e mi chiedevano di smettere.

Facendo finta di rivolgermi ad alcuni miei amici che erano a conoscenza del gioco, urlavo: EMETTETE CO_2! Inneggiando all'amore libero verso il gas della vita. Non tutti erano contenti, chi era più vicino a me e mi conosceva meglio invece si permise un sorriso.

Ho poi ripetuto l'esperimento in coda alla cassa al supermarket. Ho prima cominciato sottovoce, poi alzando leggermente il volume, a parlare bene della CO_2 con mia moglie, che ovviamente è la prima a dirmi di smettere. Le persone attorno hanno iniziato a bisbigliare, alcuni ridevano pensando che io stessi semplicemente scherzando. La maggioranza abbassava lo sguardo o cercava nervosamente il telefono in tasca per scrollare qualche video inutile, in molti si guardavano tra di loro indignati e sorpresi.

Qualcuno mi ha interrotto e chiesto di fermarmi. Per un attimo mi sentivo esattamente come durante le restrizioni sanitarie degli anni passati: senza mascherina al supermarket.

In questo libro vi sono poche certezze, ma alla fine della sua lettura scoprirai perché alcune verità sull'ambiente sono capovolte dalla propaganda e come distinguere le distorsioni senza farsi prendere dal panico.
CO_2 TI AMO! Lo scrivo maiuscolo perché voglio urlarlo al mondo intero! ANIDRIDE CARBONICA TI AMO!.

Certo è un'iperbole. Ma anche puntare il dito verso di me, dicendo che sono un pazzo, che non si può dire, che è assurdo....è un'esagerazione. Così come è eccessivo vedere catastrofi imminenti ovunque o colorare in rosso e viola le cartine meteorologiche. È un'esagerazione incollarsi alla strada, utilizzare grafici a mazza da Hockey per impaurire le persone, andare a parlare ai microfoni dell'ONU per accusare le generazioni passate di aver distrutto il pianeta. Non sono forzature queste?

Ma allora, quando sentiamo parlare di zero carbonio, impronta zero, emissioni zero, zero CO_2 o di decarbonizzazione, sapendo che in realtà è impossibile, che tipo di messaggi sono? a chi sono rivolti veramente?

Messaggi volutamente enfatizzati per toccare certe corde emotive, per spaventare le persone, per far prendere decisioni dettate dal panico e non dal buon senso. **La comunicazione scelta è volutamente ESAGERATA.**

Quindi, perché io non posso fare lo stesso?

Perché non posso dire: "io amo la CO_2"? Perché non posso capovolgere questa narrazione programmata?

In realtà un perché c'è: oggi tutti gli interessi economici, i grandi capitali, vengono spostati proprio grazie alle politiche *Green*, alla transizione economica e alle operazioni di pulizia dell'immagine in versione ecologica.

Alcune ditte, alcuni fondi, alcuni personaggi e famiglie che prima hanno speculato e guadagnato miliardi con i fossili ora vogliono continuare a farlo, facendoti credere che utilizzare energie verdi e rinnovabili sia meglio. In realtà è meglio solo per i loro portafogli. Sotto: Mc.Donalds da rosso diventa verde, Coca Cola cambia il logo in verde e aggiunge New e Life, Ajax, Ariel, Bonux e moltissimi altri tingono di verde le loro confezioni e i loro loghi.

Il *greenwashing* è una strategia di comunicazione volta a far apparire un marchio più ecologico, anche se in realtà il prodotto è praticamente lo stesso di sempre. Si ingannano i consumatori, si distorce la percezione del rischio ambientale e si trasforma il problema in marketing. «Cerca con Google» se non mi credi.

Come dice Mark Twain:

«*È più facile ingannare la gente che convincerla di essere stata ingannata.*»

La CO_2 non è un nemico. È vita.

Prova anche tu ad amare l'anidride carbonica in pubblico. È la molecola che ti ha permesso di essere qui, sulla terra: senza di essa saremmo tutti morti.

La società a valori invertiti

Viviamo in una società che ha invertito i propri valori, dove il biossido di carbonio è la minaccia invisibile, un pericolo per noi e addirittura per il pianeta.
Come se negli ultimi 4,5 milioni di anni in cui l'uomo ha calpestato questo pianeta, non fosse successo nulla in termini di clima e di cambiamenti climatici.
Solo negli ultimi 400mila anni vi sono state quattro Ere Glaciali maggiori che hanno sconvolto gli equilibri climatici globali, invertendo i poli magnetici e ricoprendo di ghiaccio tre quarti del pianeta. Contemporaneamente, ve ne sono state almeno una dozzina, di glaciazioni e conseguenti riscaldamenti, che possiamo definire minori e che invece hanno "solamente" seppellito l'attuale Francia sotto diverse decine di metri di neve, permesso di andare a piedi dalla Sardegna alla Corsica o di coltivare grano in Groenlandia.

Tutto ciò è incredibilmente successo mentre noi eravamo qui, esattamente come lo siamo ora, continuando il nostro percorso di esseri umani sulla madre Terra.

Se bastasse un gas che rappresenta lo 0,042% dell'atmosfera a spiegare la complessità climatica di un pianeta, allora la Terra sarebbe semplice come una automobile, e non un sistema caotico, vivo, dinamico e in continua trasformazione. Ma la realtà non ama le scorciatoie, e la verità non si piega ai grafici costruiti per convincere invece che per comprendere.

«Ogni problema complesso ha una soluzione semplice, chiara...ma sbagliata»

Henry Louis Mencken

Abbiamo emesso in atmosfera quantità enormi di anidride carbonica, sì; abbiamo variato gli equilibri del nostro pianeta, sì. Ma noi siamo parte di Gaia, siamo probabilmente la sua più grande e ben riuscita manifestazione vivente, una sua creazione.

Il pianeta Terra si adatta a noi come noi ci siamo sempre adattati a lui. Pensare di poter influire in modo così determinante è un sintomo della stessa malattia: sopravvalutiamo il nostro ruolo e la frustrazione di non poterlo controllare prende il sopravvento.

Siamo sicuramente in grado di autodistruggerci come specie; forse, riuscire a capirlo fa parte della nostra evoluzione come uomini e del progresso tecnologico.

Essere consapevoli vuol dire prendere atto dei propri limiti e dei propri errori. Ma si dovrebbe partire da una maturità interiore che mette l'amore davanti all'odio e che, con grande umiltà, ci faccia ammettere che esistono eventi che non possiamo controllare e fenomeni che non possiamo né prevedere, né spiegare.

il Cigno nero

«Ogni verità attraversa tre stadi:
prima viene ridicolizzata,
poi violentemente combattuta,
infine accettata come ovvia.»

Arthur Schopenhauer

Leggi e nulla ti coglierà di sorpresa

Eravamo nell'ormai lontano 2007 e uscì, in prima mondiale in lingua inglese, un libro destinato a cambiare profondamente la storia moderna, capovolgendo l'approccio logico e matematico con cui vengono interpretati eventi ad alto impatto sulla nostra civiltà. Nassim Nicholas Taleb, matematico con un dottorato in probabilità, filosofo e saggista libanese naturalizzato cittadino americano, teorico delle probabilità e studioso di matematica finanziaria, pubblicò **Il Cigno Nero**.

Taleb era già noto nel mondo finanziario per le sue analisi radicali sui limiti dei modelli statistici applicati ai mercati, sulla causalità e sulla fragilità dei sistemi complessi. Tuttavia, fu proprio quest'opera a consacrarlo a livello globale.

Il libro prese spunto da un potente *bias* cognitivo: prima della scoperta dell'Australia da parte dell'Occidente, il Vecchio Mondo era convinto che tutti i cigni fossero bianchi. Il fatto che non fosse mai stato osservato un cigno di colore diverso costituiva, nella mente collettiva, una prova empirica a sostegno di questa teoria. Bastò però l'avvistamento di un solo cigno nero per far crollare secoli di certezze. Taleb utilizzò questa metafora per descrivere la fragilità dei sistemi di pensiero umani: l'uomo tende a cercare conferme a sostegno della tesi dominante e della narrazione più diffusa, ma così facendo si espone sempre di più all'impatto devastante di eventi rari, imprevisti e sottovalutati. Si segue in pratica la maggioranza per far parte del carro dei vincitori.

La teoria di Taleb capovolse il paradigma descrivendo crisi finanziarie, guerre e grandi eventi terroristici come inaspettati e che hanno conseguenze enormi in gran parte per colpa dei pregiudizi umani e di limitazioni cognitive dei processi decisionali. Gli esseri umani non riconoscono gli eventi rari mentre accadono; al contrario, cercano di razionalizzarli e di autoconvincersi, col senno di poi, che questi eventi siano spiegabili. La formazione culturale, scolastica e sociale completa l'opera, rendendo la mente dell'uomo chiusa e incapace di sfruttare a proprio favore l'imprevedibile.

Il vero problema è ciò che non puoi spiegare

Un evento per essere definito un Cigno Nero deve avere tre caratteristiche fondamentali: un'alta percentuale di imprevedibilità, tale che nessun modello o previsione convenzionale sia in grado di anticiparlo; un impatto enorme, capace di modificare gli equilibri sociali, economici e politici, influenzando milioni di persone; e ultima, una razionalizzazione retrospettiva: cioè dopo che l'evento è avvenuto, si tenta di spiegarlo come se fosse stato prevedibile, costruendo correlazioni che spesso degenerano in una causa-effetto forzata.

Nel suo saggio Taleb critica duramente economisti, analisti finanziari ed esperti che utilizzano modelli matematici basati esclusivamente su dati storici, ignorando la natura caotica, discontinua e non lineare della realtà. A questi io aggiungo anche scienziati, politici di rilievo in organizzazioni sovranazionali, professori universitari, giornalisti e tutti coloro che pretendono di fare proiezioni attraverso l'estensione meccanica del passato. Soprattutto perché così facendo rendono il sistema stesso fragile e impreparato alla minima difficoltà, figuriamoci a qualcosa d'imprevedibile.

Il cambiamento climatico odierno, la tendenza al riscaldamento alternata a fasi più stabili, è, a tutti gli effetti, un cigno nero per molti aspetti e tante persone. Purtroppo risulta essere anche uno strumento di potere sulle menti più deboli, quelle meno preparate. "La legge non ammette ignoranza" si diceva quando io ero un bambino: oggi si è trasformato in "l'informazione non ammette ignoranza". Se non sai come interpretare le notizie, se non conosci a fondo le trappole semantiche e quelle ideologiche nascoste nei titoli di giornale, se non hai un vocabolario di risposte solide e un forte sistema immunitario intellettuale, difficilmente riuscirai ad avere una Tua opinione. Il pensiero unico avrà la meglio.

Troppo semplice per essere credibile

Continuare a semplificare la narrazione all'estremo, infantilizzando il dialogo e trattando come adolescenti i cittadini del globo solo per fagli ingoiare a forza lo *storytelling* climatico catastrofista, è una fallacia narrativa che finirà, molto presto, con provocare un effetto uguale e contrario di proporzioni inattese. Credere che il futuro sarà uguale al passato è ridicolo, per non dire patetico. Un'utopia, una chimera degna dei nostalgici discorsi da *"maison de retraite"*, casa di riposo, nelle vigilie delle festività. Pensare che il clima del pianeta segua *pattern* perfettamente prevedibili e ripetibili è già di per sé azzardato; vederne ovunque ed esserne certi è segno di una profonda instabilità cognitiva.

Il vero punto critico della favola per adulti dominante è il capovolgimento della logica. L'aumento delle temperature è comunque storicamente e matematicamente un evento positivo.

Un clima più caldo non è mai stato un problema per l'umanità, anzi il contrario. Quindi perché preoccuparsi?

Perché non concentrare le energie collettive nel preservare il nostro stile di vita e la stabilità sociale che ne deriva, sfruttando l'incertezza come valore aggiunto anziché come minaccia?

Ciò che accadrà al nostro pianeta è imprevedibile, ma con ogni probabilità simile a ciò che è sempre accaduto: nulla di improvviso. Se avverranno cambiamenti, seguiranno le tempistiche che hanno sempre caratterizzato la storia della Terra, alle quali l'umanità si è adattata per centinaia di migliaia di anni. Siamo sopravvissuti egregiamente alle glaciazioni vivendo nelle caverne, come nomadi e raccoglitori, senza conoscere la ruota o il fuoco. Per quale motivo dovremmo avere dei problemi oggi?

Di CO_2 non è mai morto nessuno

Ti stanno terrorizzando con il livello della CO_2 e questo è un dato di fatto. È innegabile che l'anidride carbonica sia divenuta un'arma narrativa, una leva emozionale utilizzata per venderti qualsiasi cosa: dall'auto elettrica al capo d'abbigliamento in materiale riciclato, dalla pompa di calore ai viaggi in treno, dalle biciclette elettriche cargo alle lezioni di yoga, dal tuo menu delle feste al voto dentro l'urna elettorale. Tutto, di solito, venduto ad un prezzo più alto.

Oggi siamo a 420 ppm, ma in quanti conoscono gli effetti sull'uomo di 500 ppm nell'aria?

Questa domanda spaventa la maggioranza di lettori e lettrici: cosa succede all'uomo se arriviamo a 500 ppm? A 600 o 700 ppm?

La risposta, sembrerà impossibile, ma è: NULLA. Non vi è nessun effetto sulla salute dell'uomo, niente.

Oggi in molte serre, mentre tu stai leggendo queste righe, il valore del capro espiatorio gassoso, viene aumentato artificialmente perché favorisce la crescita delle piante, tutte.

Pomodori e peperoni, menta o basilico crescono più grandi e forti grazie ad alti, altissimi valori di anidride carbonica, fino a 1000 o

1200 ppm. Producono frutti più grandi, più velocemente e il verde prolifera. E nessun effetto sull'uomo.

Sei andato sicuramente almeno una volta in moto in vita tua? Se lo hai fatto, hai sicuramente indossato un casco, beh hai rischiato grosso, sfidando uno dei livelli di CO_2 più alti "raggiungibili sulla terra".

Hai respirato, dentro al casco, probabilmente 5.000 ppm, con poca ventilazione anche 10.000 ppm, senza nessuna conseguenza, sei infatti, come me, sopravvissuto al giro in moto. Neppure il famigerato mal di testa che dovrebbe arrivare quando si raggiungono non ben precisati valori di anidride carbonica nell'aria.

La molecola con un atomo di carbonio e due di ossigeno è ovunque e abbondante. È presente nella vita dell'uomo da sempre, nelle caverne migliaia di anni orsono, negli appartamenti oggi, in auto, nel bus, nella metro, nelle aule delle scuole o in ufficio. Senza alcun effetto negativo per l'uomo.

Lo so, ti sento bisbigliare: con 1000 ppm non vi sono effetti sull'uomo, ma sul clima gli effetti ci sarebbero eccome!

Nulla di certo. Perché si deve distinguere un punto fondamentale: trattasi di teorie.

Gli effetti sul clima dell'aumento della CO_2 sono modello-dipendenti.

Si usano modelli per stimare come concentrazioni più alte possano influenzare temperatura, precipitazioni etc.

Non sono dati certi sperimentali.

Nessuno può fare esperimenti globali sull'atmosfera. Nessuno. Si tratta di previsioni basate su teorie e modelli.

Modelli predittivi, non osservabili direttamente nel breve periodo. Stop.

Non confondere la merda col cioccolato

È necessario chiarire un ultimo, in verità due, enormi malintesi che riguardano cosa non è l'anidride carbonica e il ruolo importantissimo del carbonio. Spero che queste disambiguazioni vengano utilizzate da molti come cigni neri per risvegliare qualche ipnotizzato dal credo collettivo. La mia intenzione, non mi stancherò mai di ripeterlo, non è quella di venderti qualcosa, né di convincerti di chissà quale teoria del complotto, tantomeno di colpevolizzare qualcuno creando conflitti generazionali o sociali. Il mio unico obbiettivo è quello di informarti, di darti dati e strumenti, spesso ignorati e oscurati semplicemente perché non coincidono con la verità ufficiale.

La prima precisazione purtroppo riguarda l'assordante propaganda mediatica che fa eco nell'ignoranza diffusa, supportata dall'analfabetismo funzionale di una parte considerevole della popolazione...risultato: molti confondono il CO con la CO_2. Il monossido di carbonio non ha nulla a che vedere con l'anidride carbonica.

Quest'ultima a temperatura ambiente si presenta come incolore, inodore e dal sapore acidulo. Di importanza fondamentale per la vita di tutti gli esseri viventi che **la contengono, ne hanno bisogno e utilizzano la CO2 per vivere**.

Tutt'altra cosa è il CO.

Il monossido di carbonio o ossido di carbonio è un gas anch'esso inodore e incolore, leggermente meno denso del resto dell'aria, ma altamente velenoso. Se infatti è presente in atmosfera in concentrazioni superiori a 35ppm risulta tossico (mortale) per tutti vertebrati e invertebrati, influendo in maniera negativa sul trasporto di ossigeno nel sangue tramite l'emoglobina. Viene prodotto nelle reazioni di combustione in difetto, quando l'ossigeno presente non è sufficiente a convertire tutto il carbonio in anidride, per esempio negli incendi di boschi e foreste. Oppure, durante la combustione di gas liquido, in vecchie stufe per riscaldare ambienti chiusi si sprigiona e rappresenta una seria minaccia per la vita delle persone che abitano questi ambienti, soprattutto se areati in maniera insufficiente. Causando intossicazione gravi o morte.

In modo basilare e approssimativo si può concludere che la CO_2 non ha una vera e propria soglia di tossicità; al contrario, si può sopravvivere a concentrazioni molto elevate, con conseguenze trascurabili per la nostra salute.
Mentre è il CO che risulta tossico e in casi estremi mortale.
Nonostante siano chimicamente molto simili, hanno ben poco a che fare l'uno con l'altra.
La CO_2 nella maggioranza dei casi "dà la vita", il CO nella maggioranza dei casi "la toglie".

Molte persone, dai giornalisti ai comuni cittadini, dagli ambientalisti ai fanatici del fossile, confondono queste due molecole; in verità pensano che gli effetti collaterali di uno e dell'altra siano gli stessi, commettendo di fatto un errore clamoroso.
Ho assistito personalmente a dibattiti in cui si accusava la CO_2 di essere un veleno per l'uomo, quando il vero problema sarebbe la sua totale assenza.

Questa confusione, questo terrorismo mediatico, è quasi totalmente attribuibile alla cosciente parzialità dell'informazione: che abbia fini commerciali, politici o ideologici, l'obiettivo è sempre spostare la percezione dell'opinione pubblica. Avvelenando, è il caso di dirlo, il dialogo.

La seconda precisazione è una parentesi doverosa sul carbonio, che è presente tra i gas serra solo nella CO_2. Questo elemento è fondamentale per la vita. Non esiste praticamente una sola cellula del nostro corpo che non lo contenga. Allora perché metterlo sullo stesso piano dell'anidride carbonica ?

Lo sentiamo giornalmente: l'impronta di carbonio, i crediti di carbonio, il carbon-pass, anche se in molti evocano la svista di traduzione dall'inglese, la verità è che si sta diffondendo un messaggio che è un errore concettuale clamoroso. Il ciclo del C è

alla base della fotosintesi clorofilliana che vede nell'anidride carbonica la molecola principale.
Più anidride carbonica, più crescita per le piante.

Abbandonare città, distruggere sistemi sociali che funzionano da secoli, smantellare interi settori industriali creando milioni di disoccupati, il tutto per una teoria, per una previsione, per una linea in un grafico che continua all'infinito, è pura follia.

Propaganda Vs informazione

Quando il messaggio è unilaterale, cioè presenta una sola versione della realtà che favorisce in maniera netta un obiettivo, quando altre informazioni o teorie vengono ignorate o minimizzate, quando si usano emozioni forti come paura, odio, orgoglio o classismo per influenzare le persone, quando questioni complesse vengono ridotte a slogan e teorie a messaggi semplificati e ripetuti, quando si distorce il significato di studi e citazioni o si crea un nemico comune per unire le persone contro un obiettivo, si è davanti a pura propaganda, non a informazione. Nessuna volontà di formare, ma solo di deformare.

Una promessa che posso mantenere è che dopo che avrai letto questo libro saprai distinguere meglio la propaganda dall'informazione. Non perché facile, ma perché necessario.

Semplificando molto, la propaganda è una forma di comunicazione finalizzata a influenzare l'opinione pubblica e indirizzare i comportamenti delle persone verso un determinato obiettivo, spesso politico, sociale o ideologico. Qui sotto un piccolo riepilogo di caratteristiche.

Unilateralità: la propaganda tende a presentare solo una versione della realtà, quella che favorisce l'obiettivo del propagandista.
Emotività: utilizza forti emozioni per influenzare le persone.
Semplificazione: riduce questioni complesse a slogan o messaggi semplici, facilmente comprensibili e memorizzabili.
Ripetizione: slogan ripetuti frequentemente per rafforzarne l'effetto.

Decontestualizzazione: presenta fatti o citazioni fuori contesto per distorcerne il significato.
Creazione di nemici o minacce per unire le persone contro un obiettivo comune.

Se in queste caratteristiche rientrano articoli di giornale, servizi televisivi, film o libri, non stanno dando nessun tipo di informazione né contributo a livello di divulgazione scientifica, stanno semplicemente disinformando.

L'informazione è un processo di verifica, raccolta e diffusione di dati e fatti reali al pubblico: in modo chiaro e comprensibile. Dalla Charter of Munich, dichiarazione internazionale di etica giornalistica, del 24 novembre 1971, si legge:

«rispettare la verità, qualunque siano le conseguenze, in quanto il pubblico ha diritto di conoscerla; difendere la libertà di informazione, commento e critica; non confondere giornalismo con pubblicità o propaganda.»

Tre regole d'oro, che chiunque si occupi di informare dovrebbe rispettare in maniera religiosa.

L'informazione deve essere imparziale, permettendo a ogni individuo di farsi una propria opinione.

Le proiezioni climatiche, ad esempio, vengono spesso presentate come se fossero il risultato di misure dirette e indiscutibili. Si prende qualche dato ricavato dai fossili di centinaia di migliaia di anni fa, lo si fa combaciare con l'aria intrappolata nei ghiacci di qualche decina di migliaia di anni fa, lo si appoggia sugli anelli degli alberi di qualche migliaio di anni fa, si mescola tutto in un grande frullatore statistico, si aggiunge un pizzico di scenari catastrofici alle porte e una generosa spolverata di panico mediatico.
Si agita bene il tutto e si versa il cocktail nel bicchiere più bello servito come proiezione del clima dei prossimi cento anni, con la stessa sicurezza con cui si annuncia l'arrivo di una cometa.

A mio modesto parere, questa liturgia, questo romanzo *horror* per adulti è affidabile quanto l'oroscopo in ultima pagina, quello tra i necrologi e le pubblicità dei materassi: intrattiene, spaventa, vende ma non dimostra granché.

In una società confusa, sovraccarica di informazioni e svuotata di ogni valore, non si cerca più la verità, ma un colpevole e un rito. E il giornalismo, è il caso di dirlo, va a farsi benedire.

«Le masse non hanno mai avuto sete di verità. Davanti a ciò che le disturba, preferiscono divinità che possano adorare o odiare.»

Gustave Le Bon non parlava di clima, ma spiegava già alla fine dell'Ottocento come i popoli potessero essere guidati attraverso immagini semplici, avversione ideologica e ripetizione.

Le teorie passano, i nemici cambiano nome, ma la psicologia collettiva resta identica.

Il vero **Cigno Nero** di oggi è l'informazione.

Quella inaspettata, quella non prevista. In una collettività che oramai è abituata a raccontarsi solamente quel che vuole ascoltare, in ambienti dove ci si ripete come pappagalli la stessa falsata versione dei fatti, nella speranza di cristallizzare un messaggio e farlo divenire vero: là dove regna la bugia dire la verità è un atto rivoluzionario.

Nel mondo di oggi, dove la realtà viene filtrata e semplificata, l'unico vero potere è quello di riconoscere l'imprevedibile. La verità arriva senza preavviso: solo chi osserva, comprende e resiste può trasformare l'imprevisto in un valore aggiunto.

I cigni neri sono ovunque e per alcuni sono già arrivati, per altri stanno arrivando, per altri ancora impiegheranno ancora anni...ma arriveranno inevitabilmente.

A voi la scelta, io ho scelto senza paura, **amo la CO_2**.

Se vuoi sostenere il mio lavoro di ricerca puoi farlo.
Anche un piccolo contributo fa la sua parte in un grande cambiamento.
Puoi donare con Paypal usando i link che trovi sotto i miei video YouTube o questo codice per donare BTC (solo BitCoin), ogni Satoshi è importante!

BIBILIOGRAFIA E FONTI

Libri:
Naomi Klein, *No Logo,* 2002
Diversi autori, *Guida al Consumo Critico*, EMI edizioni
Tim Flannery, *I Signori del Clima*, 2005
Gustave Le Bon, *Psicologia delle Folle*, 1895
Roberto Quaglia, *Il Fondamentalismo Hollywoodista*, 2020
Desmond Morris, *La Scimmia Nuda*, 1967
Naomi Klein, *Shock Economy,* 2007
Lev Tolstoj, *Guerra e Pace,* 1867
Henry David Thoreau, *Walden ovvero vita nei boschi*, 1854
James Lovelock, *la Rivolta di Gaia*, 2006
Tiziano terzani, *Un indovino mi disse*, 1995
George Orwel, *1984*, 1949
Davide Cenci, M*anuale di sopravvivenza al Grande Reset*, 2022
Hannah Arendt, *Le Origini del Totalitarismo*, 1951

Profili Social e uomini che mi hanno ispirato:
Antonio Zichicchi, *scienziato e divulgatore*, R.I.P. IT
Association des Climato-Réalistes, *social X*, FR
Richard Lindzen, *meteorologo e fisico dell'atmosfera*, USA
Idriss Aberkane, *saggista*, FR
Henry Louis Mencken, *scrittore*, USA
Critica Climatica Alias Fortunato Nardelli, *social X*, IT
Richard Feynman, *fisico e divulgatore scientifico*, USA
Jacinto Seara, *scrittore*, ES
Bjorn Lomborg, *ambientalista e professore,* DK
John Clauser, *premio Nobel per la Fisica*, USA
Enzo Pennetta, *fondatore di Critica Scientifica*, IT

Made in United States
Troutdale, OR
11/03/2026

56847415R00096